文库

李 著 均

幸福是灵魂的香味

江西教育出版社
JIANGXI EDUCATION PUBLISHING HOUSE

图书在版编目 （ＣＩＰ） 数据

幸福是灵魂的香味 / 李均著． -- 南昌 ： 江西教育
出版社， 2016.11（2019.7 重印）
（悦读文库）
ISBN 978-7-5392-9088-1

Ⅰ．①幸… Ⅱ．①李… Ⅲ．①人生哲学－青少年读物
Ⅳ．① B821-49

中国版本图书馆 CIP 数据核字 (2016) 第 265650 号

幸福是灵魂的香味
XINGFUSHILINGHUNDEXIANGWEI

李 均 著

∙∙∙

江西教育出版社出版

（南昌市抚河北路 291 号 邮编： 330008）

各地新华书店经销

石家庄继文印刷有限公司

720mm×1000mm 16 开本 13 印张

2017 年 3 月第 1 版 2019 年 7 月第 5 次印刷

ISBN 978-7-5392-9088-1

定价： **26.00 元**

∙∙∙

赣教版图书如有印制质量问题，请向我社调换 电话：0791-86710427

投稿邮箱：JXJYCBS@163.com 电话：0791-86705643

网址：http://www.jxeph.com

赣版权登字 -02-2016-755

序 言

每个人都会拥有属于自己的故事。

有一家人，亲戚送给他家两筐桃子，一筐是刚刚成熟的，一筐是已经完全熟透马上就会变质了的。父亲问："选择怎样的吃法，才能不浪费一个桃子？"

大儿子说："当然是先吃熟透了的，这些是放不过三天的。"

"可等你吃完这些后，另外的那一筐也要开始腐烂了。"父亲显然不满意大儿子的建议。

二儿子想了想说："应该吃刚好熟了的那一筐，拣好的吃呗！"

"如果这样，熟透的那筐桃子不是白白浪费了吗？你不觉得可惜吗？"父亲把目光转向了小儿子，"你有什么好办法吗？"

"我觉得，"小家伙微微思索了一下道，"我们最好把这些桃子混在一起，然后分给邻居们一些，让他们帮着我们吃，这样就不会浪费一个桃子了。"

父亲听了，满意地点点头，笑了："不错，这的确是个好办法，那就按你的想法去做吧。"

很多年后，那个选择把桃子分给邻居的孩子当选为联合国秘书长，他的名字叫潘基文。

在就职演讲中，他说："我竞选这个职务，不是为了个人名誉，更不是争夺个人利益，当选联合国秘书长就意味着责任和奉献。我希望在我的任期内，通过各方面的努力，让全世界的人民，不分种族、性别、国籍，都能过上幸福、和平、快乐的生活。"

罗曼·罗兰说："幸福是灵魂的香味。"这种感觉是很独特的，若非亲身经历，根本无法体会它给精神上带来的愉悦和满足。在选择给予的同时，我们收获了心灵上的慰藉和温暖。

一泓碧水，一个世界，一则故事，一种人生。英国作家史美尔斯说过，"好书有不朽的能力，它是人类活动最丰硕长久的果实，是生活中最宝贵的财富之一"。

本书汇集了经典、有趣、生动活泼的哲理故事，它们或曲折生动，或幽默风趣，或发人深思，或耐人寻味，希望这些静默而美好的文字能够在读者的心田里，散发出最美丽的芬芳。

目录

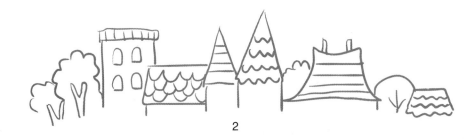

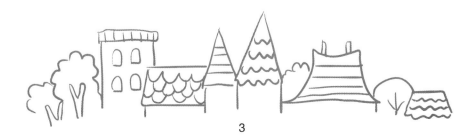

第一辑

敲一下成功的门

　　人生的道路上有许多机会，有的机会就像一条鱼、一阵雨，转瞬即逝；而有的机会却时刻隐藏在你的身边，只要你用心去敲一下，你就可能会听到成功的回音！

被水淹死的鱼

　　一条崭新的商船在无边的大海上航行。傍晚时分，突然刮起了大风，滔天的巨浪从四面八方包围过来，吓坏了船上的许多人。这时，船长从船舱里走了出来，他命令大家都回到甲板下面，并大声说："别慌张，在海上遇到风暴是常有的事情，大家都不要怕。"

　　在船长镇定的指挥下，大家都平静了许多。但这次和往常不同，风越刮越猛，浪头越来越大，竟然把船推到了礁石上，把船底撞出一个大洞！

　　海水汹涌着从船底灌进来，船舱里再次骚动起来。

　　船长是个很有经验的老水手，在遇到这种前所未有的危急情况时，仍然临危不惧，他吩咐船员们一边堵塞那个大洞，一边往外排水。尽管每个人都感到无比恐惧，但求生的欲望还是激发了大家的斗志，所有的人都投入到了这场没有硝烟的战斗中。不过，风浪实在是太大了，刚把这个洞口堵住，旁边又被撞开了一条缝，海水再次涌入。忙活了半天，船舱里还有许多水，有些人气馁了，但为了那仅存的一线生机，没有人退缩，大家拼了命地堵水排水。眼见着胜利在望，突然，船身上又出现了一个大洞，海水第三次灌了进来。

"大家都别散劲，风暴马上就要结束了。"船长鼓励大家道。为了共同的目的，船员们毫不气馁，奋不顾身地冲了上去。

这样的情形一而再，再而三地接连重复，当第六个破洞出现在船身时，筋疲力尽的船员们终于丧失了继续抢救的斗志。船长的声音都喊哑了，但对于精神上已经败下阵来的船员们来说，所有的一切都显得无能为力。

海水哗哗地灌进来，一点一点地淹没船舱，以及那些坐以待毙的船员。

然而，就在这时，风暴停了下来，海面上渐渐恢复了平静。但这时的大船已经无法挽救了。那些在海水中挣扎的船员后悔不迭却回天无力。悲愤的船长拔出匕首，割破喉咙，誓死和大船一起沉没。临死前，他说："我们不是被海水打败的，我们是被自己打败的。作为一名水手，这样被水淹死就好比是被水淹死的鱼，这种死法是可耻的。"

后来，这个故事被演绎成了航海人的口头教材。直到现在，每个新海员在第一次出海前都要仔细聆听这个故事。

人生亦是如此。是的，只要再坚持一会儿，哪怕是几分钟，那么，故事的结局就会截然相反。莎士比亚曾经说："风浪中，你有两条路可以选择，一条是生，另一条是死。"可是，当在绝望的泥淖中挣扎时，很多人选择的都是第二条路，放弃了对明天的憧憬，坐以待毙。这多少有些宿命的味道，但更多的是可悲。因为，他们没有看到，就在不远处，太阳已经开始冲破乌云，即将露出胜利的曙光。

要想成功，就要耐得住寂寞

格瑞兹是18世纪欧洲著名的画家，他的许多画作到现在都还是难得一见的珍品。在他生前身后，曾经获得过数不尽的奖项和荣誉。但谈到他成功的经历，却颇耐人寻味。

在奋斗了大半生之后，格瑞兹在当时的欧洲画坛还只是一个无名小卒。尽管周围的老师和朋友都极力宣扬和推荐他，但他始终没有得到评论界的重点关注。天才都是极其自负的人，对艺术天赋极高的格瑞兹也不例外。他经常花费大量心血和汗水进行创作，然后满怀信心地把劳动成果拿到各种展览会上进行展览。但每一次展览，都会让他受一次打击，都会让他的美梦化为泡影。为什么如此好的作品却没有人欣赏呢？他不解，他疑惑，他内心孤苦得像个不谙世事的小孩，落寞而又倔强。

1758年的一天，格瑞兹画了一幅画作，名字为《破壶》。画面借少女手腕上的一把破壶暗喻失去童贞的少女。格瑞兹的本意是想给人以教育作用，但由于他把画面描绘得太美了，特别是画面上的那个可爱多姿的少女更是绝妙到无与伦比，因此应该说这是一件不成功的主题画，可在展出时却获得了社会公众和评论界的一致好评。一夜之间，格瑞兹在欧洲成为家喻户晓的知名艺术家。紧接着，格瑞兹奋斗了多年却一直没有得到的荣誉和地位，也因这幅并不被作者本人看好的画作而纷至沓来。面对这样出人意料的结果，格瑞兹在纳闷的同时，也逐渐认清了生命的真谛：人生本就是一场意外，有付出不一定就有回报，丰厚的收获并不一定总是与辛勤的劳动成正比。因果报应只是人们对机缘巧合的一种误读，也是对生命本身的一种牵强附会的错误诠释。

其实，人生总是如此。社会衡量一个人的价值大小时往往有它自己的标准和尺度。有时候，我们做得很努力，工作得很辛苦，到头来却得不到应有的承认和尊重。而在不经意间，即使我们自以为没有付出那么多，那些我们渴望已久的东西却忽然不请自来，纷纷围绕在我们身边。

事实上，生命本就是由一场场意外的舞台剧所组成的。在每一幕短剧即将落幕的时候，我们可能猜到其后的结果，也可能一直被悲苦或者喜悦的结尾所迷惑。也许当我们看清这一点之后，再次投入到生活的航程时，不管前途是风平浪静，或是湍急浪高，我们都不会过度地关注最终的结果，而是把全身心都放到航行的过程当中，然后在享受生命的征程中坦然面对一切，笑傲人生。

做一只反思的蜗牛

　　他是个优秀而又幸运的人。1980年，高考恢复后的第四年，他便以全县总分第一名的成绩考入了浙江大学。24岁那年，他大学毕业，由于在校期间表现优异，一毕业他便被分配到了一家不错的单位。工作没两年，幸运之神再次垂青于他，作为单位的重点培育对象，他被送往深圳大学进修。研究生毕业时，中国上下正进行着一场翻天覆地的变革。改革开放的大潮一浪接一浪，许多人都不安于现状纷纷下海。他是个心比天高的人，觉得原来的工作单位虽然不错，但却远远不能发挥自己的聪明才智，并且，稳定安逸的生活也不是他追求的梦想和目标。掂量再三，他下定了决心，在众人惊诧的目光中，辞别单位，开始创业经商。

　　许多初次创业的人都不免会遇到各种各样的困难和麻烦，而他却没有，他开发的项目一投入市场就开始盈利，他创办的公司，不到一年的时间便打开了市场。1993年，他所创立的巨人公司已有38个全资子公司，成为当时中国第二大民办高科技企业。

　　伴随着巨大成功而来的是一项又一项荣誉和夺目的光环。在鲜花和掌声中，他陶醉了。读着报刊上赞赏他的文章，听着身旁人们数不清的甚至顶礼膜拜的赞美，他有些飘飘然起来：原来成功竟如此简单！

1994年，在业界已小有名气的他决定投资建造一座号称当时中国最高的大厦——巨人大厦。大楼最初规划建18层，但在众人的鼓舞下，楼层不断被加高，从18层到38层、54层、67层，最后升为70层。但随着规模的扩大，投资也从2亿追加到12亿。为了扩大影响力，他还投入巨额的广告费，夸张的宣传把全中国都轰动了，可后来一评估，知名度虽然上去了，效果却微乎其微，他所做的一切都是头脑发热状态下的个人冲动。

1996年，大厦建设资金告急。公司原来的业务由于其大量资金都被抽入了大厦建设的工程中，迅速盛极而衰，公司危机四伏。各方债主得知这个消息后，纷纷上门讨债，媒体也开始了毫不留情的负面报道，只建成了相当于三层楼高的大厦被迫停工。一夜之间，从天堂到地狱，他成了街头巷尾人们谈论的笑柄和造成公司破产的罪人。

那么辉煌的事业怎么就在转瞬间灰飞烟灭、土崩瓦解了呢？一向自负的他从未遭受过如此大的打击，顿时陷入了苦闷和迷惘之中。事业转入低谷的他一夜之间愁白了头发。在办公室里整整待了一周后，他终于走了出来。一个人走在空旷的走廊里，他突然回想起了昔日繁华的场景。正在他触景伤情之时，突然，他听到走廊尽头处有人在低声说话，好像是在议论他。他有些好奇，悄悄地凑上前去，躲在一边仔细听着。交谈的两个人都是公司里的老员工，其中的一个说："你看他那副样子，公司在时他整天趾高气扬的，就喜欢别人给他戴高帽子，以为自己永远都会那么幸运，那么顺风顺水，一点儿危机意识都没有，这样的公司不倒闭才怪呢。"听着员工的话，他的心不由一震，但他没有说什么，仍是认真地听着。"谁说不是呢？特别是公司垮了之后，他不好好反省自己，不从自身找原因，反而一个劲地责骂别人，把责任都推给了下属，哪有这样当领导的？真是一点儿道理都不讲。"另一个说。"算了，不说了，他现在心里也难受着呢，虽然他这个人有不少缺点，但总的来说还是很有能耐的。我想，经历过这件事之后，他会认识到问题的。咱们应该相信他！"

他一下子愣住了。

是呀，做人的最大责任就是认清自己，时刻反省自己的一言一行，只有这样，才能在成功时保持清醒，失败时拨开眼前的迷雾，从而找准未来的前进方向。一个连自己都认识不清的人，不摔跤才怪呢。静静地品味着两个员工对自己的评价，他在心中暗暗发誓，不论今后的道路如何难走，都一定不辜负这些一直在默默支持自己的战友。

再次回到办公室里，他混沌的头脑突然变得清醒起来。他把自己关在办公室里开始思考自己的缺点和不足。怕自己一个人想不清楚，他便找来那些骂自己的报纸看，骂得越厉害，他看得越仔细。为了从自身找原因，他专门组织内部"批斗会"，让身边的人一起向自己"开火"。

在"外敷内服"的双重"治疗"下，他终于大彻大悟。背负着几个亿巨债的他决定重新再来。为了明确自己的奋斗方向，他专门为自己制定了三项铁律：适时进行自我检讨；时刻保持危机意识；成功中不骄傲，失败时不气馁，越是成功越要谨慎小心。

深刻的自省必然激发无限的斗志和信心。2001年，阔别江湖销声匿迹的日子终于结束了，他再次进入了人们的视线中。他相继开发出来的脑白金、黄金搭档等产品，无一不是市场的宠儿。他投资金融，开发网络游戏，短短四年的时间，昔日倒下的巨人便重新站立了起来。他就是史玉柱，在硝烟弥漫的商界，无人不知、无人不晓的牛人。

尽管已经过去十年，但史玉柱仍在反思那场令他刻骨铭心的"滑铁卢"。他说："做人的最大责任就是自省，深深地想，苦苦地思，敢于做一只反思的蜗牛，只有把自己看明白了，才会知道今后的道路该如何去走。我人生中最宝贵的财富就是这段无法回避的经历，它时刻都在提醒我，成功经验的总结多数都是扭曲的，它就像毒药一样会让人意志麻痹，而失败教训的总结才是无比正确的，也是我们应该牢牢记住的人生必修课。"

上帝是个爱打盹儿的老头

　　他是个出身贫寒的孩子，自小就淳朴、和善。年轻时，他结交了不少朋友，有钱同花，有福同享，十分够哥们儿。一次，朋友在外面受了欺负，他气不过，领着人冲了出去。气出了，他也因此被送进了班房。拘留所里，他后悔不迭，就在对未来绝望的时候，却被放了出来。后来，他才知道，按法律规定，他可能要被关更长的一段时间，但处理此事的一位老同志看他还年轻，不愿就此毁了他的前程，就给了他一个改正的机会。临走时，老同志对他说："年轻人，有的错误可以犯很多次，但这样的错误犯一次就足够了。前面的路还长，你可别走错了方向。"羞愧不已的他，使劲点头，心中暗自发誓，以后一定会加倍珍惜这个机会。

　　20年过去了，曾经的毛头小伙早已不再年轻，心态愈加成熟，前行的脚步也更加沉稳。几番磨砺，他成功了，创立的企业以惊人的速度成长，成为行业的佼佼者。他就是蒙牛集团老总——牛根生。

　　年少时大家都难免犯错，牛根生在功成名就后并没有回避这件不光彩的事情，反而十分坦诚地讲了出来。这件事对他的影响还体现在公司的管理中，他举过一个例子："在我们公司里，有个副总在谈一笔生意时，曾经犯了个看起来很严重的错误，确实也给公司造成了不小的损失，在许多

人眼里，简直是无法挽救的损失。但我觉得事情并没有大家分析的那样可怕，只要敢于正视并努力改正，还有缓和的余地。因此，考虑再三，我还是把他留了下来。这个副总经过此事后，十分珍惜这个改过自新的机会，不仅再也没有犯过类似的错误，工作也更加卖力了。每次评比，他都是名列前茅，直到现在，他的业绩在公司里也是突出的。许多人都说我有远见，其实不然。我只是觉得应该给他一个机会，就像当初别人给我一个机会一样，每个人都应该拥有一个被宽恕的机会。"

西方有句谚语："上帝是个爱打盹儿的老头。"意思是说包括上帝在内的每个人都可能犯错误，只要错误不是致命的，人们都应该有一个改正的机会。也许，给别人一个机会也是给自己一个机会，当你放别人一马时，同时也把自己扶上了马。或许，这正是牛根生事业成功的真谛吧。

磨平你的心

英国首相丘吉尔年轻的时候，是个冲动的人。一次，因为一件小事，他和邻居闹了别扭。回到家，他觉得气不顺，就抄起一把锈迹斑斑的钢刀冲了出去。幸好父亲看到了，急忙拦住了他。问清情况后，他的父亲并没有像往常那样硬拦他，而是一反常态地说，这把刀已经没有刃了，你应该把它磨锋利了再去，那样，胜利的把握就更大一些。丘吉尔觉得父亲的话在理，就回到院子里，霍霍地在磨刀石上磨起刀来。但在磨的过程中，丘吉尔的心态却发生了戏剧性的变化。原本他是很生气的，发誓要把对方劈成两块。但就在刀马上要磨好的时候，他突然一拍脑袋，恍然大悟。他跑到父亲跟前，不好意思地说："父亲，我明白您的意思了。"一直在默默观察儿子一举一动的父亲看着儿子微微笑了笑，然后，拍了拍他的肩膀道："孩子，你终于长大了。"

其实，丘吉尔磨刀的过程，也就是他磨心的过程。刀刃磨得越薄，留给自己思考的时间就越多，头脑就会更加冷静，回旋的余地也就更大。一个人在气头上时，什么极端的事情都可能干得出来。但一时的冲动并不能解决问题，甚至会让事情变得更糟。只有在经过反复的思考和内省之后，才能在平和的心情中找到真正处理问题的办法。"冲动是魔鬼"，一句人

幸福是
灵魂的香味

人皆知的俗语，却包含着无比深刻的人生哲理。赫赫有名的丘吉尔首相以他少年时的经历，让我们明白了这样一个做人处世的道理：冲动不是解决问题的良药，凡事三思而后行，把刀磨利，把心磨平。

蔡桓公和虢太子

扁鹊是我国古代著名的神医，在其一生的行医过程中，凭借着高超的医术和高尚的医德救人无数。但据司马迁的《史记》记载，有一个病人扁鹊却没有治好，最后只好眼睁睁看着病人死掉。这个人就是齐国的蔡桓公。

扁鹊初见蔡桓公之时，就从蔡桓公的脸色和外形看出其有病，只不过是上火、发炎之类的小疾，但觉得蔡桓公一直热情招待自己，心直口快的扁鹊便毫不隐瞒，建议蔡桓公最好还是医治一下，防患于未然。但蔡桓公却不把扁鹊的话当回事，还对身边的大臣说扁鹊是个贪图功利的医生，"医之好利也，欲以不疾者为功"。十几天后，眼看蔡桓公的病情日益加重，身为医生的扁鹊哪里看得下去，忍不住又多次去劝蔡桓公及时就医，但蔡桓公始终不予理会。当蔡桓公终于认识到自己已经病入膏肓的时候，自知蔡桓公已经无药可救的扁鹊早已经离开了齐国。神医都觉得束手无策，蔡桓公的下场那就可想而知了。

据《史记》记载，扁鹊在途经齐国之前，曾经在虢国作短暂停留，并利用回阳救逆的医术将已死半日的虢太子医活，可称得上是真正的妙手回春。不过，虢太子能死而复生的功臣除了扁鹊之外，还有一个人，那就是

虢国的中庶子。没有他冒死上谏国君，纵使扁鹊的医术多么高明，马上就要被入殓的太子也没机会重见天日。众所周知，在古时候的中国，祭祀是一种十分庄重和神圣的仪式，在这样的场合提出将死马当活马医的观点是需要十分大的勇气的，因为，弄不好就会因此被处以极刑，甚至掉脑袋也有可能。但听扁鹊说太子还有救，中庶子虽然"目眩然而不瞚，舌挢然而不下"，但还是迅速把这一情况禀告给了虢国君，并最终说服虢国君，让扁鹊一试身手。果然，神医扁鹊并非浪得虚名，真的就把太子给治好了。

有些医学常识的人都知道，当一个人患病之后，即便他自身没有察觉，周围的人也可以从其肤色、体型等方面看出来。但可惜的是，反观扁鹊给蔡桓公提出治病建议的过程，却始终没有出现一个劝说蔡桓公的"中庶子"。于是乎，不相信医生又没人上前劝说的蔡桓公便成了扁鹊总结的"病有六不治"中的一种："骄恣不论于理，不治也。"

同样都是高高在上的国君，同样是患病，同样都是在神医扁鹊在场的情况下，结局却有天壤之别，其中的反差令人唏嘘不已。其实，从某种意义上来讲，治病和治国讲的是同样的道理。培养一批或者哪怕就是一个敢于上谏的忠臣，不仅有利于君王明察秋毫，更有助于王朝的长久统治和稳定，是一件对君王生前身后都有利的好事情。但纵观中国乃至世界古代史，像中庶子这样敢于冒死上谏的大臣，除了唐朝的魏徵、清代的刘墉等个别人之外，可以说是寥寥无几。于是，在历史的洪流中，江山易主、改朝换代便成了一件家常便饭之事。

所以，病入膏肓的蔡桓公在咽下最后一口气之前，他痛恨不来给他治病的扁鹊没用，他责骂周围的大臣不及时提醒他更没用，因为不是扁鹊治不好他，也不是别人不帮助他，而是他自己没给别人治疗、提醒他的机会，是他自己害死了自己。

善良是一颗等待发芽的种子

1934年夏季的一个深夜，一名受纳粹指示的反犹太分子持枪潜入到了一位教授的家中。教授还没有睡，正在查看一些资料。由于他太专注了，竟然一点儿也没有觉察到，在窗外，一个黑洞洞的枪口正瞄向他的后脑。就在杀手定好准星将要扣动扳机的瞬间，教授不小心把书桌上的一支钢笔碰到了地上，"啪嗒"一声，把杀手吓了一跳，杀手忙收回了枪。教授放下手中的书本，弯下腰把钢笔捡了起来，重新放回到原处后，教授似乎感觉到有一些疲惫，就站起身，一边思考一边踱起步来。借着微弱的灯光，窗外的杀手一下子看清了老教授的相貌，他顿时愣住了。原来，他还不是杀手之前，曾经是一个贫苦人家的孩子。在他8岁的时候，曾经流落街头跟着父亲一起乞讨。在很多个温暖的夜晚，他和父亲都因为路人冷漠的眼神和毫不在意的拒绝而备感寒冷。一个风雨交加的夜晚，正当他和父亲在饥饿中瑟瑟发抖的时候，一个路过的老人看他们可怜，从口袋里掏出一张大额钞票放在了他的手中，并随手把拎着的一袋食物放到了他们面前。虽然这位老人马上就离开了，但他留下来的善良和爱心却让他们感动得热泪盈眶。目送着好心人远去的背影，还不到10岁的他暗暗发誓，将来有机会一定要好好报答这位好心的恩人。

　　一晃10多年过去了，由于他当初忘了问老人的姓名和住址，他始终没有得到一丝关于老人的消息。没想到，却在今天意外找到了——屋内的老教授就是当初帮助他的恩人！顿时，他对犹太人的满腔仇恨烟消云散，他哆嗦着把枪收起来，写了一张字条留在了房门上。然后，冲着老教授鞠了一躬，悄悄地离开了。

　　老教授第二天看到字条后，大吃一惊。他原本就知道自己的处境很危险，只是没想到竟然严重到这种地步。于是，他忙收拾好行李，带着家人一起离开了危机四伏的住所，找了个安全的地方躲了起来。最终，在反犹浪潮高涨的情况下，幸免于难。

　　这段生命历程中的奇特经历一直让老教授念念不忘："有时候，你不经意之间的一个善举，可能会挽救你的生命，更会改变你的人生轨迹。在这方面，我是个幸运儿。"

　　是的，善良是一颗等待发芽的种子，遇到合适的土壤，它便会发芽、开花，然后结出一串串充满爱的果实。那些心中有爱、播撒善良的人，也必定会在某个阴霾的寒冬，收获一份心灵深处的震撼和阳光般的温暖，并绽放出明媚的春意。

梦想决定方向

他从小就是一个任性的孩子，尽管出身书香门第，但他却对读书不感兴趣，反而对电影情有独钟，他的梦想就是当一名电影导演。但在父母的压力下，他还是不得不读完了初中、高中，一直到参加大学联考。联考时他考了两次，每次都以落榜而告终。1973年，当他第三次走进考场的时候，他没有按照父母的意志，而是私下涂改了自己的志愿。这次他如愿以偿地考进了台湾艺专戏剧电影系。但此举遭到了家人的一致反对。

当他离开家门登上去台北上大学的列车的时候，他不得不为自己的坚定选择付出沉重的代价。一向视演艺为不务正业的行当的父亲不仅拒绝送他，而且还明确地告诉他，如果反悔还来得及，否则，家里将断绝提供他大学期间的一切费用。他丝毫没有犹豫，对父亲说："追求自己的梦想是没有错的，我相信我能在这条道路上做出一番事业来的。"说完，他歉意地冲父亲笑笑，一转身，开始了他的寻梦历程。

大学四年，他一边打工挣钱一边读书。生活的艰辛可想而知，但他没有向家里要一分钱，他以坚定的毅力和顽强的斗志开创出了自己的天地。在大学期间他积极参演各类舞台剧，并荣获台湾话剧比赛大专组最佳男演员奖。他以优秀的成绩毕业。毕业后，他满怀憧憬来到美国开拓自己的电影事业。美国是一个机遇和挑战并存的地方。有许多伸手可及的机会，更

幸福是
灵魂的香味

有数不清的挑战和艰难。对于没有名气和显著实力的初出茅庐的他来说，困难是常人难以想象的，也是他事先未曾预料到的。但他没有退缩，也没有向困难低头而放弃扎根于心间的梦想。他只是一边和妻子一起过着清贫的生活，一边为梦想忙碌着。他在家里写作剧本，并抽空到影院里看最经典的影片，他还每隔一段时间到戏剧学院去，吸收营养，积累资本和实力。他在耐心地等待着，他坚信：机遇不会亏待每一个勤奋的人。有梦想就有希望，有希望就有成功的可能。

这一等就是6年。6年，他对电影的理解更加独到、深刻了，他在生活的磨炼下也更显成熟了。终于，当他的银行存折上只剩下43美元时，命运之神垂青于他：他写的剧本获奖了，他也因此被台湾电影界誉为"超级伯乐"的徐立功发掘出来，并把《推手》一片放手让给他拍。一年后，《推手》在台湾公映，引起了强烈的反响，受到了观众的一致好评。在年度评奖大会上，他凭借此片一举获得了"金马奖最佳导演"等8个提名及另外3个大奖，同时，这部影片还获得了亚太影展最佳影片奖。紧接着，他又连续拍摄了《喜宴》《卧虎藏龙》等数部在国际上影响巨大的影片，而他也从一个无人知晓的小人物一跃成为世界级的导演大师。2006年，他又以一部《断背山》再度冲进奥斯卡，连捧多个奖项，让全世界的华人又多了一些资本和底气。

他，就是著名华人导演李安。

在谈及自己的成功时，李安不无感触地说："梦想决定方向，有梦就有希望。远大的梦想诞生无限的可能性。仅仅拥有梦想，你不一定能成功，但如果没有梦想，你永远都不会成功。"

西方有句谚语："如果你不知道你要到哪儿，那通常你哪儿也去不了。"人生需要梦想，有了梦想就有了可以企及的目标和追求的方向，同时也有了持续下去的动力和勇气。只要你坚持不懈地围绕着梦想奋斗，开拓进取，克服一个又一个迎面而来的困难和挑战，那么成功的桂冠终究有一天会落在你的头顶上。

棋王的秘诀是借力打力

宋朝时，江南有一名下棋高手，凡与其对弈者，无有不败者，世人遂赠以"棋王"的美誉。

棋王爱棋，亦是经商高手。一日，棋王携徒押解一批货物到江北贩卖，行至半路间，忽接到家中来信，要其速回。从江北到江南有上千里路程，棋王之徒又非独当一面之才，若带货物一同返回，不知又要耽误多少时日。正踌躇间，棋王在街上偶遇一家棋院，内有设局博弈者，参与者皆为当地对弈高手。棋王大喜，遂抛下烦恼，快步入内搏杀之，并约定，若输，将所带货物皆赠予对方，对方以为其是笑谈，仍应之。

第一局，棋王胜；第二局，对方胜；第三局，杀得难分难解之时，对方使一奇招，仍胜。两负一胜，棋王甘拜下风，俯首将所带货物皆送与对方。临行时，棋王指天起誓曰，一月后定来复仇，夺回货物。对方笑曰，吾定等之。

料理完家事已是一月之后，棋王不敢耽误，快马加鞭再次来到那家棋院，并与对方在厅堂内设局搏杀。第一局，棋王用一个时辰战败了对方；第二局，只用了半个时辰；第三局，连半个时辰也不到，对方便俯首称

臣。对方亦是守信之人，果真把货物交还于棋王。

棋王之徒甚为疑惑，在路途中问师曰："上次艰难输之，此番轻松胜之，为何？"

棋王笑曰："以其货无处存故也。"

徒儿又问之："如此，棋王之不败美誉将有损也，奈何？"

棋王淡然曰："棋王之谓乃浮名耳！货物若失，衣食将不保也。二者不可相提并论也。经商之道与下棋亦相通，皆在于巧，在于借力，吾不费一丝一毫，货物却安然无恙，值也！"

撒旦的诱惑

一艘客船在南太平洋上航行时，意外遇到了一场大海啸。轮船瞬间便被风浪掀翻了，许多乘客都失去了生命，只有六名乘客因被海水冲到了一座孤岛附近的海滩上而幸免于难。那是一个长满热带作物的海岛，上面生长着茂密的植被。在六名乘客中，有一位植物学方面的专家，在他的指导和辨认下，他们找到了不少可以食用的野生果子。

填饱肚子之后，他们还找了一个安全的角落，搭建了几座简易的木棚以供憩息之用。

在沙滩上吹吹风，品尝一些从未吃过的水果，当吃住都暂时有了保障之后，六人都把悬着的心放了下来。但这一切都改变不了他们对大陆家园的渴望和向往。虽然因为有性格和生活习惯等方面的不同，六人之间矛盾不断，但在尽快离开孤岛这个问题上，六人却心有灵犀般地达成了默契。

在等待了一个月仍不见有救援船只过来之后，六人开始行动了，他们决定建造一艘可以把他们送回家乡的木船。没有工具，更没有得心应手的机器设备，一切造船材料都需要他们用双手和智慧来解决，造船的难度可想而知。但逃生的欲望激发了他们的潜能，忙碌了两个月之后，木船终于初见雏形。按照这个进度，再过两个月，他们就可以驾驶这艘生命之舟乘

风破浪回归家园了，但就在这个时候，一艘货轮的出现打乱了他们的计划。那是一艘多么亲切的轮船呀，多少次在六人梦中出现过，原以为这是一个永远不会被人发现的死岛，没想到竟然也在人类涉足的航线范围之内。

望着货轮逐渐清晰的轮廓，六人不停惊呼，大声喊叫，他们用尽一切办法来吸引货船的注意，但令人沮丧的是，货轮上的人一直没有发现他们。在离海岛约五海里的海面上，他们眼睁睁地看着货轮转向了另外一个方向，慢慢地消失在他们的视线内。

原来慈悲的上帝并没有遗弃我们！有第一艘货船从这里经过，就肯定会有第二艘轮船到来！

当六人弄明白了这件事之后，他们很高兴地否定了曾经所下的"这个海岛永不会被发现"的结论。他们站在海岛的沙滩上满目憧憬：也许，远方正有一艘轮船载满希望向他们驶来。他们一致决定不再建造那艘既耗时又费力的木船了。他们眼下要做的唯一的一件事就是静静地等待上帝的到来。

事实证明，六人的判断是正确的，终于有一天，一艘轮船从这里经过，并且发现了他们。只是，相对他们此前的预料，这一天似乎来得迟了些。被发现的时候，已经有四个人因为长期营养不良而死去，剩下的两个人也变得精神恍惚、神志不清。其中的一个人在经过医生长达半年的治疗后，终于恢复了过来。当得知自己和同伴已经在海岛上等待了整整十年之久后，他竟然有点儿不敢相信自己的耳朵，继而，他突然放声大哭起来。他想起了那艘半途而废的木船，还有那艘给他们带来希望的货轮。沉默了很久，他终于说出了离开海岛之后的第一句话："有时候，希望比绝望更可怕。原以为那是上帝派来的希望信者，没想到却是魔鬼撒旦设下的诱饵。"

博士的假想敌

　　地中海地区的气候十分特别，夏季干热少雨，冬季温暖湿润，水分蒸发量特别大。因此，能在沿岸地区生长的植被特别稀少。由于此地一年四季的气温都比较高，特别是冬天也十分暖和，许多靠海的国家都把旅游业当成国家的主要收入来源。但随着全球气候日益变暖，地中海地区的气候日益干燥，沿岸地区土地盐碱化现象严重，许多植物都不能很好存活下来。有专家预测，如果不采取有效的防范治理措施，地中海可能会在300年后因为干枯而从这个世界上永远消失。

　　改善地中海地区环境恶化趋势的有效措施就是大量种植可以保持水土的植被。面对地中海地区土壤恶化的严峻现实，美国著名植物学家海顿博士被邀请来到这个地区，研究改善生态环境的办法。经过反复实验，海顿博士发现一种名叫地中海海芋的植物，它们不仅生命力极强，且成熟季节开出的花朵特别漂亮，花期也比较长，具有很高的观赏价值，十分符合当地以旅游业为主的总体格局，经过实验室的杂交培育之后，完全可以在此大规模地推广种植。

　　但不知为何，实验室里海芋种子的发芽率特别低，几乎不到百分之十。为了查明原因，海顿博士建立了一个小型的植物园，以供进一步的研究。在近乎大自然条件下的植物园里，海顿博士研究发现，海芋的成长期

很稳定，并不需要特殊的看护和照顾，只是在其结出果实之后，注意防除一种前来捣乱偷吃果实的蜥蜴即可。由于投入的经费比较少，植物园除了海顿博士之外，只有一名助手帮忙照看。因此，当大群蜥蜴循着花香像强盗一样闯进植物园时，海顿博士气急败坏，和助手一起没日没夜地驱赶这些随时都可能溜进植物园的害虫蜥蜴。

成千上万只小精灵般的蜥蜴不时前来捣乱，单靠两个人的力量自然是不够的。眼见着自己一年多的劳动成果被蜥蜴糟蹋得狼藉遍地，海顿博士一气之下，竟然生了一场大病。由于当地的医疗条件比较简陋，海顿博士只好回国治疗。

三个月后，经过医院的精心治疗，海顿博士顺利康复。海顿博士一生主持过许多生物培养繁殖项目，每一项都做得十分成功，唯有在培育繁殖地中海海芋这件事上，被小小的蜥蜴折腾得丢盔弃甲，他实在不甘心。一年后，海顿博士放下手边的工作，再次踏上了地中海的广袤土地。曾经的植物园由于长期荒置已变得破旧不堪。但令他吃惊的是，植物园周围的海芋竟然蔓延生长得到处都是，五颜六色的花朵大片大片地盛开着，把原本贫瘠荒芜的土地装扮得分外妖娆！

这样的结果实在出乎海顿博士的意料。为了查明其中的蹊跷，海顿博士自掏腰包，建立了一个小型试验室，重新开始研究海芋的生长发育特性。经过反复对比实验，最终的结果令海顿博士大吃一惊。原来，对于海芋来说，那些蜥蜴根本不是害虫！当海芋的果实被蜥蜴吃掉后，里面的种子经过蜥蜴肠胃的消化蠕动，排出后不仅可以成活，反而更容易生根发芽。竭力要消灭的敌人竟然是最有益于自己的朋友！在整个事件当中，被冤枉的蜥蜴原来只是一个假想敌！当弄明白蜥蜴和地中海海芋的关系后，海顿博士简直哭笑不得。

几年后，经过海顿博士和当地政府部门的推广，这种特殊培育的海芋在地中海沿岸大规模繁殖开来，地中海沿岸地区土壤盐碱化的趋势也得到了有效缓解。海顿博士赢得了数不尽的荣誉和赞扬。为了牢记这个教训，海顿博士在自己的书桌上特意贴了一张字条："蜥蜴不是害虫"，以此来时刻提醒自己，做任何事都要三思而后行，不可一意孤行。

敲一下成功的门

道天阿斯托尼酒店是20世纪纽约市一家有名的酒店。有一段时间，由于经营不善被迫转让，接手酒店的是一个相貌不凡的年轻人。年轻人在酒店转了一圈，当走到大厅的几根圆柱旁边的时候，他的心不由一动，他走过去，很随意地用手在上面敲了敲。

在接下来的谈判中，对酒店开出的转让价格，年轻人并没有过多地讨价还价，他只提出了一个要求：转让费需要分期付清，不过，最长的期限是三个月。酒店方犹豫了一下，但还是爽快地答应了。

年轻人在掌握了酒店的控制权后，并没有急着对酒店进行各方面的改革，而是下令把酒店大厅里的那几根圆柱全部锯开，然后用玻璃镶成广告箱。接下来，他四处游说，邀请纽约市的珠宝商和香水商，让他们租用这些地方做广告。由于此处客流量非常大，广告效应很明显，于是，在经过反复协商之后，珠宝商等接受了年轻人的邀请。结果，就此一项，年轻人就足足赚取了将近1000万美元的收入，远远地高出了酒店的转让费。

这个年轻人就是希尔顿先生，是世界著名的希尔顿酒店的创始人。

后来，希尔顿先生道出了这件事情的奥秘："我用手敲击那些柱子，看起来只是一个很随意的动作，但从敲击声中，我却知道了那些柱子并不

起承重作用，它们都是空心的，可以充分开发利用来做广告。因此，当酒店开价时，我并没有还价，我需要做的就是抓住这个机会，攫取人生的第一桶金。"

其实，人生的道路上有许多机会，有的机会就像一条鱼、一阵雨，转瞬即逝；而有的机会却时刻隐藏在你的身边，只要你用心去敲一下，你就可能会听到成功的回音！

埋藏千年的秘密

很久以前，在沙漠的深处隐匿着一个巨大的宝藏，很多人都想得到它，但是，无一例外，那些人都为此付出了生命的代价，他们不是被渴死，就是被饿死，或者就是被突如其来的沙尘暴所湮没。

他也想得到那个宝藏，于是，找了五个志同道合的同伴，他们一起踏上了苍茫的征程。

一路风尘一路颠簸，他们在沙漠深处越走越深。

一个月之后，有个人渴死了。

又半个月之后，有个人饿死了。

又过了一个星期，沙漠里突然刮起了龙卷风，转瞬间，他的两个同伴便被刮得无影无踪。他幸亏趴在地上躲避及时才幸免于难。不过，他的情况也好不到哪儿去，在漫天的黄沙里，顶着炎炎的烈日，他感觉自己就像一条暴晒在岸上的鱼，奄奄一息。他一度甚至产生了幻觉，觉得脚底下的沙漠里就埋着宝藏，可等他拼尽力气挖下去时，才发现那只是他一厢情愿的幻想而已。

他笑着，挖着，哭着，走着，简直就是一个十足的疯子。

就这样走着走着，不知道又过了多长时间，突然，他发现不远处竟然

长着一丛沙棘！在满眼都是黄色的沙漠里，苍绿色的沙棘显得那样醒目和独特。他使劲揉了揉眼睛，确信那不是他的幻想之后，他的精神顿时为之一振。沙棘是生命的象征，它能长在那里，说明在它所生长的部位的下面肯定有水源，想到这里，他一下子兴奋起来。他飞快地跑过去，像一只被打了兴奋剂的沙鼠一样，用尽全身力气朝沙棘的根部挖下去。他就那样一刻不停地挖着挖着，不知不觉间，竟然挖了一天一夜。

当挖到第二天清晨的时候，他突然愣住了，原来，他竟然无意间挖到了那些他千方百计所要寻找的宝藏！

望着面前黄灿灿的金条和璀璨夺目的珠宝，他突然失声痛哭起来，干涸的眼角竟然还闪出几滴泪来。

但他实在是太疲惫了，他终究没能带走那些触手可及的宝藏。

后来，这个宝藏又被好几个人陆续发掘出来，但不幸的是，他们都没有活着走出这片辽阔的沙漠。

很多年以后，当沙漠中的这个宝藏终于被挖掘出来的时候，望着眼前堆积如山的金银珠宝，许多人都不由张大了嘴巴。在珠宝的旁边还挖出了一块块白森森的骨头，毫无疑问，那是寻宝者们留在沙漠里的遗骸。

人们纷纷猜测着，感叹着，唏嘘不已。

其实，道理很简单，是那些寻宝者体内的水分滋润了沙棘的生命，使它们能年复一年地生长存活在那里。但是，没有人会知道，当寻宝者就要挖出这些宝藏之前，在那一刻，他们的愿望其实很简单，就是能挖出水，哪怕就是那么一小口。

上帝不管你是谁

埃德加·博登海默是20世纪著名的综合派法理学家，他所著的《法理学——法律哲学与法律方法》一书一直被法学界奉为经典。博登海默教授不仅在美国享有巨大的声誉，对世界其他各国的立法也产生了重大的影响。美国是一个崇尚知识、法律至上的国家，学识渊博的学者可以受到明星般的待遇和公众的热烈追捧。由于经常四处去演讲，博登海默教授的大名并不仅限于学术界，很多普通的民众也都认识他。

有一次，博登海默教授被邀请到一所大学去讲学。由于走得匆忙，他竟然把一本需要参考的书籍忘在了家里，而那本书对他的这次讲学很重要。看时间还来得及，博登海默教授便来到了这所大学的图书馆，准备从图书馆里借一本。最终，那本书还真让他找到了，教授自然大喜过望。

负责图书借阅工作的是个50多岁的老者，他的旁边有10多名抱着书等着登记的老师和学生，看博登海默抱着书从图书馆里出来，老者就让他在旁边等一下。因为要赶时间，博登海默就有些不耐烦，但周围就只有这一个负责图书借阅的管理人员，于是，他只好耐着性子等了起来。但等了好一会儿，还没轮到他，他有些急了，不禁催促道："你能不能快点儿呀，我有急事的。"老人看了他一眼，抱歉地笑笑说："我知道。"话虽这么

说，但老人的动作却一点儿也没有加快的意思。博登海默教授有些火了，冲着老人嚷道："请问你知道博登海默吗？""怎么了？博登海默是一个法学家嘛，人人都知道的，他年纪轻轻就很出名了，我当然也知道。"老人不解地望着他。"我就是博登海默。"博登海默不屑地瞥了老人一眼，神态傲慢地说。

"呵呵，我早就知道您是博登海默先生了，"老人不紧不慢地说，"可这和借书有什么关系呢？在我面前，你们都是一样的读者，我不能因为您的名气大、学问高就放弃自己的做事原则吧？不过，如果您实在有急事的话，我确实可以为您提供一些便利的，当然，我必须征求现在这位学生的同意。"

后来，经过了解才知道，原来，面前的老人竟然是这所大学前任校长，他退休后做了这里的图书管理员。

这件事对博登海默影响很大，他牢牢地记住了这次经历，在接下来的讲座中，他并没有按照既定的方案给学生们讲述法学的相关内容，而是花了大部分的时间为学生们讲述了他这次借书的经历。最后，他十分有感触地说："美国有句谚语：天堂门口，上帝不管你是谁。其实，不管你是站在山脚，或者是立在山峰之巅，在别人眼中，你都同样渺小。我希望你们在以后的日子里，不论取得如何大的成就，建立怎么了不起的功勋，都不要骄傲或者沾沾自喜。因为在上帝面前我们都是平等的，无论你是一个贫穷的学生还是一个高高在上的教授。让我们时刻都记着那位图书管理员的话吧，我相信，它将会使我们更好地走好人生的每一步。"

据说，这是博登海默最受欢迎的一场讲座，也是他最成功的一次即兴讲演。

第二辑

在乎自己，你才是最闪耀的那颗星

在生命的航程中，每个人都会碰到一些不如意的事情，都会遭遇到人生的"滑铁卢"，但不论何时，身处何地，你都不应该气馁，更不应该沮丧，只有以对自己负责的态度迎接未来，挑战困难，才能取得最终的辉煌。记着，别人可以一点儿也不在乎你，但你一定要在乎自己！

是金子，就让它自己发光

他大学毕业那年，正是中国网络经济初步萌发之时。那一年，凭借着在校期间优异的成绩和表现，他被分配到了深圳当地一家有名的通信公司。那里，有令人羡慕的工资福利，更有着广阔的发展前景，未来对于他来说，一片明朗。但他却不是那种耽于安乐的人，虽然眼前的工作既轻松又稳定，但他却已经敏锐地觉察到了网络经济大有可为的未来。在经过深入的市场分析和调查后，结合公司的业务背景，他向公司提议开发一种网络即时通信软件。但是，他的提议却没有引起公司高层的注意和兴趣，许多人都觉得这种玩意儿根本挣不到钱，也没有市场发展前景。

那么有远见的创意却得不到别人的认可，他心中的失望可想而知，信心也因此受了不小的打击。难道真的是自己的眼光出了问题？但是，不去试一试怎么知道最终的结果呢？他不是那种浅尝辄止的人，思索了很久，他终于做出了决定，就用实践来检验吧，如果是金子，就让它自己发光。

那一年，他已经做到了开发部主管的位置，但为了证明自己，也为了实现自己的抱负，他还是在周围同事诧异的目光中辞了职。然后，和几名志同道合的朋友合伙开了一家公司，把自己曾经的那个提议变成了实实在在的网络通信软件。果然，这个软件一经推出，便受到了网络用户的热烈追捧。可是，他们的公司只是一个规模不大的小公司，而这个软件一时半会儿也没有合适的盈利模式，公司为了维护这款软件的日常运营还需要付出很大的成本，于是，财务问题成了压在他心头的沉重包袱。几个合伙人商议之后，便打算把这个软件卖掉，他虽然不太情愿，但也没说什么，毕竟公司的运作并不是他一个人说了算的。

但连着谈了四个买家，要么是对方出价太低，要么就是对方压根不想收购，只是敷衍。这实在是个令他既沮丧又欣喜的结局。他本就不打算卖掉自己的心血结晶，现在既然卖不出去，那就留下吧，他鼓励两名合伙人说："如果所有人都普遍看好一件事情的时候，那就太大众化了，说明我们已经没有机会了，既然有这么多人不认同咱们的这款软件，那反而说明我们的产品还是很有发展潜力的。我相信，真正的金子终究是会自己发光的，我们要做的就是再坚持一下。"

咬着牙挺过寒冬，那么，离春天也就不远了。1999年前后，中国的网络经济开始蓬勃兴起，他始终认作是金子的这款软件终于迎来了萌发的第一缕曙光，幸运地赢得了国外风险投资家的青睐，获得了一大笔风险资金。有了资金便有了底气，他开始按照当初的规划大展拳脚，当年便实现了盈利。从此，他的事业开始蓬勃发展，由他经营的企鹅帝国步入飞速壮大的快车道。2009年，他当仁不让地成为中国经济十年商业领袖，并凭借着过亿的身价入选2010年福布斯富豪排行榜，居大陆富豪榜第六位。他，就是著名国产网络软件腾讯的创始人——马化腾。而当年许多人都不看好的那款名叫QQ的软件，现在已经成了国内最受欢迎的即时网络通信工具，注册用户数量居世界第一。

成功后的马化腾仍保持着低调的处事风格，在接受媒体采访的时候，他谦虚地说："回顾腾讯这么多年业务的发展，其实就是慢慢地试，有信心，步子才会逐渐大一点。"创业是这样，其实，做其他任何事情又何尝不是如此呢？璀璨的金子总不轻易以灿烂的本相示人，时常混在瓦砾堆里，需要用心发掘，坚持不懈地去开垦才能找到，才能让它放出耀眼的光芒。

是金子，它就会自己发光，我们要做的就是睁开慧眼找到它，然后，拥有它，让它把我们自己也照亮。

不满足是对世界的最大贡献

6岁时，当周围的小伙伴们还在整天无忧无虑地嬉耍玩乐时，他没有，他只是瞪着黑油油的大眼睛观察着周围的石头，他研究石头的形状、纹路，他迷上了石头，也熟悉了石头。认识他的人都说他是个奇怪的孩子。

到了受教育的年龄，他被送到了一所文科学校。但没多久，他便厌倦了那里枯燥无味的课程和生活，不愿再和那些贵族子弟一样碌碌无为地混下去，于是，他说服家人，离开了那里。其实，他也是个贵族子弟。

很快他便成了绘画大师纪朗的学生。他是一个对艺术特别有天赋的学生，特别是雕刻，别人需用三年才能掌握的知识，他一年便精通了。觉得老师已经不能传授更多的知识给他，继续留在那里只会浪费时间，于是，他再次选择了离开。

然后，他来到了意大利佛罗伦萨，在那里，虽然他没有老师，但却有许多名画、雕塑等艺术珍品可供他精心揣摩研究、临摹参考，从中吸取艺术精华。沉浸在浓厚的艺术氛围里，他很快在艺术的道路上成熟了起来。在长期的观察中，他深刻地感到要雕刻好人就必须理解人体的内在结构。于是，他找到了一家修道院设立的附属医院，获得院长的同意，开始对尸

体进行解剖。另外他还弄了不少解剖素描。这一学就是五年，在这五年的时间里，他无师自通地掌握了雕刻艺术的真谛和一个雕刻家应该具备的素质。同时，他也完成了向一个艺术雕刻家的成功过渡。

1496年，他来到了罗马，应一位银行家的要求，他雕刻出了自己的第一件作品。别人的作品都只能从正面看出美感，他的却不同，无论从正面、侧面还是背面，都能展示出富有立体效果的美感，充分体现了一个伟大雕刻家的独特之处。不久，他再次以复杂而精密的手法，花费整整两年时间，雕刻出他的成名作《哀悼基督》。作品一经问世，立即轰动整个罗马，爱好艺术的罗马人纷纷慕名前来，欣赏这件精妙的作品，同时也在赞叹和传诵着一个名叫米开朗琪罗的年轻人的名字。

尽管声名鹊起，美名传遍整个欧洲，但米开朗琪罗没有止步，更没有满足。他稍作停顿，便又打点好行囊，踏上了新的征程。1501年，他成名后的第二年，他突然从艺术界神秘消失。人们不知道什么原因，都纷纷猜测，有人说他遭遇不测了，有人说他隐居了，还有人说他江郎才尽不好意思再抛头露面了。但他们都没有猜对。1504年，当他再次出现在人们面前时，一尊巨大的雕像——《大卫》，也同时被安放在了大教堂门前的广场上。艺术界再次轰动了，佛城也再次出现万人空巷的景象，人们纷纷跑到广场上，争先目睹当代艺术的奇迹。

那时的他已经是社会中功成名就、举足轻重的人物，如果他停止对艺术的追求，无疑，他完全可以凭借曾经取得的无人能比的成绩，锦衣玉食地享乐一辈子，且处处受人尊敬，但他没有，对他来说，生命有止境，但对艺术的追求却永远没有尽头。接下来，他又投入到了繁忙但却十分有意义的工作当中。他不仅又制作出了《摩西》《奴隶》《晨》《暮》《昼》《夜》等影响深远的雕像，还创作出大量流传至今的经典壁画，特别是西斯廷教堂的天顶壁画，更是难得的艺术珍品。1564年，已经89岁的他仍在竭力构思着，直到在工作中悄然逝去。逝世后，他和达·芬奇、拉斐尔一

起被列为文艺复兴的三大巨人。

米开朗琪罗的伟大，在于不懈的追求和对艺术的不满足。不是对别人，而是对他自己、对未来的不满足。他满怀信心地探索着不可知晓的将来，和我们这个世界上一切伟大的人物一样，他深知完美一词的深刻含义就是永不满足，永远走在追求的道路上。就像他作品中的摩西一样，他深情地向远方望去，尽管眼前阳光明媚，花香满径，但他心里明白，只有不断地向前向前再向前，才能到达艺术的巅峰，也许这一目标他永远无法企及，但生命的全部价值和意义就寓于这个追求当中。

不满足是一种积极的生活态度，它时刻激发着每个人的无限潜能，它让人以一种奋发向上的精神面貌去迎接一个又一个挑战，永不止步，永不停歇。正是因为心怀对现实世界的不满足，艺术家们才有了取之不竭的创作动力，才会在有限的生命历程里演绎出一个又一个震撼人心的作品。其实，一切智慧，都出自这种深刻的不满足，一切伟大的艺术，也出自这种深刻的不满足。正是从这个意义上说，不满足是对世界的最大贡献。

孩子，告诉他们你是个演员

小的时候，她并不是一个很出众的孩子，相反，和周围的小伙伴们比起来，她稍微还有点儿胆小和自卑。但无论胆小或者自卑，都无法湮灭一个孩子灿烂如花的童年和梦想。只是，对她那个并不富裕的家庭来说，她的这个梦想显得那样奢侈和遥不可及。很多时候，看着屏幕上那些星光闪耀的女明星，她都会莫名其妙发上好一阵子的呆，然后痴痴地傻笑着对爸爸说："有一天，我也要走上这红地毯铺成的星光大道，爸爸，你信吗？"

爸爸微笑着对她说："宝贝，爸爸相信你，只要努力，你肯定能行的。"

得到了爸爸的鼓励，小小的心竟然莫名地胆大了起来。她真的就让爸爸把她送到了一所影视表演学校去学习。只是，对于当时仅仅13岁的她，未来的道路是如此坎坷和漫长，梦想就像璀璨的星辰，似乎近在咫尺，又远隔天涯。她终究还是个胆小的孩子，在学校组织的表演比赛中，每一个动作她都会事先反复揣摩多次，但一走上舞台，她的心里就莫名地紧张起来，动作总是那样畏畏缩缩，连事先背得滚瓜烂熟的台词也说得磕磕巴巴，面前的那个摄像头就像一个勾魂摄魄的无底洞，看

一眼便再也走不出去了。她苦恼，她自责，她一个人坐在夕阳下的草地上，背影是那样孤单。

16岁那年，她随家人来到了好莱坞——那个她朝思暮想的梦想之城。1995年是一个很普通的年份，但对于她来说，却是命运的一个转折点。一个大导演为了找到合适的演员，四下发布招募令，邀请所有愿意展示自己风采的女演员前去试镜。如果被大导演选中出演其中的角色，那么前途便一片光明了。她也按捺不住心中的激动，跃跃欲试。只是，一想到要面对那么多陌生的面孔和可怕的镜头，她的心便隐隐约约地觉得发沉。

试镜的前几天，心情郁闷的她去看了一场音乐会。音乐会很普通，没什么大牌的明星，但其中的一名歌唱演员却深深地打动了她。在动感而又昏暗的舞台上，演员的声音是那么动听，动作是那么优美。当一曲唱完，舞台上所有的灯光亮起的时候，那个演员站在那里显得那样醒目和出众——她竟然只有一条胳膊，腿脚也有点儿跛！舞台下面的观众一阵骚动，纷纷议论，有的人甚至还吹起了口哨。女演员有些蹒跚地走到舞台的前沿，她深深地鞠了一躬，然后说："每个人都有自己的梦想，我从小的梦想就是做一名演员，但不幸的是，我10岁的时候遇到了车祸，但我一直没有放弃我的梦想，为了它，我奋斗了好多年。今天，是我第一次登台演出，不管我做得如何，能否得到大家的认可，我都要向大家宣布，从今天开始，我就是一名真正的演员了，一名独一无二的演员。"她的话音未落，台下已是掌声一片。

她听了，若有所思。20年来，这是她第一次认真地审视自己：是呀，命运就掌握在自己手中，关键是看如何把握。如果去勇敢地尝试了，让所有人都知道自己是个一直很努力的演员，那么无论能否得到观众的垂爱，自己心中都不会留下遗憾的阴影，但是，如果畏缩的双脚始终不肯迈出通向希望之门的第一步，那么，自己终将是一个在幕后唱独角戏的小丑，绚丽的鲜花和掌声也将永远不会属于自己。想到这里，她豁然开朗。她暗暗下定决心，一定要努力，一定要改变自己，否则，心中那颗已伸展多年的嫩芽终不能长出繁茂的枝蔓。

试镜那天，爸爸开车陪她一起去。在门口，她犹豫了一下，吻了吻爸爸，然后毫不犹豫地走了进去。面对黑洞洞的镜头和严肃的导演，她的眼前不断浮现出那名残疾演员的形象和她的那番话。她告诫自己："即使我的演技真的很差，我也要告诉他们，我努力过，我是一个演员。"出来的时候，她满脸微笑，抱着爸爸，她幸福得泪流满面："爸爸，我成功了！"

电影开拍那天，导演问这个初出茅庐的年轻女孩："在我的剧组里做演员，压力都很大，你可以吗？"她微微笑了一下，点头说："作为一名演员，我已经做好了一切准备。"

大制作的电影一拍就是三年。

三年后，凭借着这部叫作《泰坦尼克号》的影片，首次触电的她便一举获得奥斯卡最佳女主角奖和金球奖剧情类影片最佳女主角奖提名。她的演技得到了全世界观众的认可。2008年，凭借着在感人肺腑的爱情大片《生死朗读》中的出色表演，她封后奥斯卡，终于圆了自己的影后之梦。在颁奖晚会上，手捧小金人，她早已没了曾经的自卑和胆小，取而代之的是满脸的自信和从容，她说："梦想之都花团锦簇，但道路却充满荆棘和坎坷，但无论何时，我都会鼓励自己，去勇敢地告诉别人：我叫凯特·温丝莱特，我，是一个真正的演员！"

放倒一棵树，需要多少人

那一年，我高考复读。再次坐回到高中的教室里，我的心情压抑到了极点。

一天，在学校操场旁边的树林里，我看到一个老人坐在一张板凳上，吃力地锯着一棵榆树。那棵榆树约水桶粗细，枝丫早已枯死，只剩一根光秃秃的树干立在那里。

老人看起来已经70多岁了，有些秃顶，黑瘦的脸上布满了岁月留下的皱纹，一副饱经沧桑的样子。

一个本该安享晚年的老人还在干这样重的体力活，我心中暗自猜想，老人不是无儿无女，就是子女不孝顺。我有些好奇，便满怀同情地上前和老人有一搭没一搭地聊了起来。从谈话中得知，老人有三个孩子，并且一个比一个孝顺。

"那您为什么还要干这么重的体力活呢？"我不解地问。

"这棵树已经死了，不及时锯倒储存起来，淋上几场雨就会朽的，那时，这么粗的一棵树就只能当柴火烧了。"老人介绍说。

"可树这么粗，您要锯到什么时候呀，您应该找个帮手才对。"我好心地建议道。

　　"也许我确实应该找人帮忙，毕竟岁数大了，体力有些不支，但是我也不着急，慢慢来就是了。上午锯不倒下午接着锯，今天做不完明天继续，只要坚持下来，我相信，不管树有多么粗，多么高大，都会有倒下的那一天的。再说了，我也是很懂方法的。你看，年轻人，我是斜着拉锯的，这样不仅可以省一半的力气，这棵树也更容易被锯断。"

　　听了老人的话，我感慨不已，在被老人的精神深深打动的同时，我不由得想起了《老人与海》中那个意志坚定的老人。是的，一个有恒心有毅力的人，哪怕遇见再大的大树，再大的艰难困苦，他都不会轻易地低下高昂着的头颅。"一个人可以被毁灭，但决不可以被打败。"当这个人同时还掌握了行之有效的方法时，我想，他不会被毁灭，更不会被打败，因为，胜利就属于这样有智慧的精神强人。

　　听着身后老人哧啦哧啦锯树的声音，我豁然开朗，心情也好了许多。我暗暗对自己说，只要有坚忍不拔的斗志和毅力，并且找到正确的方法，就没什么不可能的。回到教室后，我在自己的书桌前认真写下了一句话："放倒一棵树，只需要一个人。"

持久的成功需要时刻保持危机意识

20世纪80年代，英特尔的核心业务——计算机存储器受到竞争挑战的影响，连续6个月亏损。这是一种受市场波动出现的普遍现象，几乎每个公司都会遇到。但当时的执行总裁格鲁夫却眼光犀利，不仅力排众议，还毅然地做了一个大胆的决定——撤掉存储器的生产业务，把微处理器作为公司新的生产重点。尽管他的这一举措遭到了公司上下许多人的反对，但他的决心却一点儿也没有动摇。事实证明，他的决策是正确的。他的这种危机意识不仅使标有英特尔的微处理器装进了世界上约七成的电脑里，而且对整个世界的政治、经济、文化产生了深远的影响。

其实，不管是在商业浪潮中，还是在平常的生活、学习中，危机都是无处不在的。之所以有的人能觉察到，而有的人却不能，完全在于一个人的眼光有多深、胆识有多大。一个有深远理想的人，他能准确地应对外界的风吹草动，并且找出其中的端倪，进而找到解决问题的办法。反之，那些习惯于风平浪静的人，不论外面起多大的波澜，他的眼中照旧是歌舞升平、一片大好河山的景象，殊不知，时代早已经把他远远地抛弃，他时刻都面临着出局的危险。孟子说，"生于忧患，死于安乐"，这句话放到今天，仍然是适用的。因此，不论何时何地，保持一份危机意识，都将会有益于你自己。

尊重，从喊出对方的名字开始

我大学毕业实习的时候，曾经到一所中学任教。我担任的是高一年级的历史课老师。历史是副科，学校并不是很重视，整个高一阶段三个班全由我负责，工作量之大可想而知。三个班级的人数加起来，有150多人，要想在短时间内全部认识，对我来说有很大的难度。幸好我有点名册，上课提问的时候不会因为叫不上学生的名字而冷场。

某天，课上到一半时，我发现课堂气氛有些沉闷，我就准备提一些问题。可把问题说出来准备找人提问时，我傻眼了，竟然忘记带点名册了。我心里暗骂自己粗心大意，但表面上仍装出波澜不惊的样子。这可怎么办？稍微思索了一下，我便想出一个点子。于是，我微笑着喊道："请第三排穿红衣服的同学回答一下这个问题。"那个男生是第三排唯一一个穿红衣服的学生，也是全班唯一一个穿红衣服的。但他仿佛没听到似的，没动。于是，我又喊了一遍，并且把嗓门也提高了。可他还是一动不动。我有点儿挂不住了，几步走下台去，来到那个学生的身边，厉声问道："你难道没听到我在叫你回答问题吗？""不，老师，我听到了，可我不叫第三排穿红衣服的同学，我有自己的名字。我叫赵小鸣，提问时，请您喊我的名字。"那个学生仰着脸对我说。顿时，我愣住了。

　　课下，我想了很多。那个学生的话虽然让我有些难堪，但还是很有道理的。在日常的交往中，要想搞好人际关系，最起码应该弄明白对方的身份、兴趣、爱好，特别是能准确地叫出对方的名字。一个连别人的名字都弄不清楚的人，不管你如何施展交际才能，都不可能赢得对方的好感。当迎面相遇，我们响亮而又准确地叫出对方的名字时，我们喊出的不仅仅是对方的称谓，更是在纷繁的人群中喊出了对对方的尊重。良好的开端是人际交往成功的一半。尊重对方，才能让对方对你产生一个好印象，继而才会对你产生好感和信任，才会愿意和你继续交往下去。

　　想通这些后，我并没有责怪那位学生。当他在课下向我承认错误的时候，我拍拍他的肩膀，微笑着说："赵小鸣同学，你说得对。尊重，从喊出对方的名字开始！"

思想有多远，就能走多远

在读书的时候，克洛克是个很普通的孩子。他的成绩并不突出，他的表现也无任何过人之处。不过，凡是熟悉他的人都知道，他是一个喜欢幻想的人，整天做着成就大事业的美梦。为此，同学们给他取了一个绰号——丹尼梦游人。

从学校毕业后，克洛克凭借着一张能说会道的嘴，成了一家公司的推销员。尽管整日忙碌奔波，但他的老毛病仍旧未改，一有空就讲他的远大抱负："我要送孩子到最好的学校读书，我还要为全家买一栋大别墅。""得了吧，"朋友们不相信地说，"就你一个推销员，还想做出什么大事业？我看你还是老老实实地生活，别做梦了吧。"对朋友们半带讽刺的劝告，克洛克一点儿也不在意。他只是一边努力地工作，一边耐心地寻找和等待机会。

这一等就是30年。整整30年，克洛克一直在为自己的未来做着最后的准备。他知道，只要坚持不懈，总能找到属于自己的辉煌。克洛克52岁的时候，一个偶然的机会，他遇到了麦当劳兄弟和他们所开办的快餐店。第一眼看到麦当劳独特而精致的设计风格时，他便被它牢牢吸引住了。与店主二人接触后，克洛克知晓他们胸无大志，更没有长远规划的眼光，只是

想安安稳稳地过一辈子衣食无忧的生活。他知道，自己的机会终于来了，虽然来得有点儿晚，但总算来了，既然来了就绝对不能让它白白溜掉。觉察到这一点后，克洛克马上开始实施已经盘算了30年的创业计划。首先，他以几乎倾家荡产外加100万美元贷款的价格把麦当劳全盘收购。接着，在经过反复的论证和试销后，他果敢地做出了一个惊人的决定——在全国实行连锁经营。一个只卖汉堡牛肉等快餐食品的小店，竟然搞这么大的规模，简直是疯了！

但事实证明，克洛克的决策是正确的。各地的连锁店一开张，便吸引了大批顾客的光顾。这红火的场面并不是昙花一现，而是展现出了巨大的生命力。截至目前，麦当劳在全世界已经开办了3万多家连锁店，年销售额始终保持着遥遥领先的良好态势。

思想有多远，就能走多远。有什么样的胆魄和思维水平，就会促成什么样的行动和步伐。克洛克用他精彩的奋斗历程给我们上了一堂这样的人生大课：心有多大，舞台就有多大。虽然有时候它看起来有点儿像天方夜谭，但当我们努力地为之奋斗并坚持不懈时，我们有理由相信，总会有一份灿烂的收获摆在我们的面前！

我的手很脏，需要出去洗洗

林肯在当选美国总统前，曾经做了23年律师。由于他法律知识渊博、口才出众，因而平常需要代理的法律业务很多。虽然名声在外，林肯却始终坚持法律道德，绝不为个人利益而出卖法律的尊严。他的信条是，追求正义是律师的最大职责。有几次他觉得自己违背了自己的信条，虽然他并未实际放弃案件，却终止了与相关律师的合作。

一次，在代理案件的过程中，他发现自己的当事人是个惯于撒谎的家伙，尽管他出的报酬很高，但他还是毅然地走出法庭，拒绝为之辩护。有人问他原因，他毫不客气地说："我的手很脏，需要出去洗洗。"

凭借着良好的职业道德和高尚的品质，23年后，尽管他没有像其他竞选对手一样拥有丰厚的家产，但他还是赢得了人们的拥护，当选为美国的新一届总统。也许，林肯当选总统的原因是多方面的，但有一点是很关键的，那就是始终坚持自己的信条不动摇。当然，这种坚持不是昙花一现式的，而是坚持到底永不放弃。其实，在生活中，每个人都有着自己的人生信仰和为人处世的原则，但在很多时候，当环境改变的时候，我们就迫不及待地改变了原则和立场，以为这是识时务，其实不然。大凡在事业上取得成功的人，都是意志坚定、目光远大的智者。他们明白，只有持之以恒的坚韧，才是通往光辉前途的正道。随意改变人生信条的人注定要在不断变化的世界中迷失自我，丢掉寻找未来的精神钥匙。可以这样说，成功属于那些具有坚定意志的人。

不想当将军的士兵也是好士兵

在我们公司楼下，有一个修车铺。车主是一个40岁左右的中年人，个子不高，面色黝黑，但两只眼睛格外有神，每天我从此经过看到他时，他都是一副精神抖擞的样子。

一天，我的自行车不知出了什么毛病，怎么蹬也不转。我就把车推到了他的修车铺。刚好那天的顾客不是很多，我就坐在旁边的小凳子上等着。店主把手头上的活儿忙完后，就开始修我的自行车，但摆弄了半天，也没有修好。我还要上班，交代了几句，便匆匆忙忙地离开了。

等我办完事再次回到修车铺的时候，却发现我的车竟然还没有修好。肯定是没有我在现场督促，他又接别的生意了，我心中暗想。这时已接近中午，艳阳高照。店主擦了擦额头上的汗水，抱歉地冲我笑笑道："马上就好，你等一下。"

"效率也太低了吧。"我有些恼火地说。店主没吭声，他妻子在一旁开口了："不是效率低，而是你的车特殊。为了一辆车，耽误了一晌的生意！要是别人，早就把你的车放旁边不管了！"

"我的车特殊？"我听了，有些不大明白。

"是的，你的这种车，现在市场上已经很少卖了。我修车这么多年，总共才碰到过两辆这样的车。这种车的轴承现在几乎已经没有工厂用了。我今天跑了20多个商店才买到一个可以替换用的。"店主一边上零件一边对我说。

我还有些不信，正在这时，同在一个单位上班的小王嚷着走了过来。"我说，师傅，你这可不对呀，我的车在你这里放了三四个小时，你竟然还没有修到，你这是怎么搞的哎！"店主把我的车放好后，忙向小王赔礼道歉。

这下，我相信了店主的话。

抽空我又去了修车铺，专程感谢那位敬业的店主。我刚说了几句表示感谢的话，便被店主拦住了，他说："不麻烦，不麻烦。其实，修你的那种车，也是对我修车技能的一种检验。否则，时间久了，我还真的拿不下来你的这种自行车呢。"

"你这是把修车当成一项事业来做了！"我不由赞叹道。

"谈不上事业，我觉得不管是做啥工作，都尽心尽力就行了。前些天，一个工厂要我到他们厂里做技术顾问，我没去，觉得噱头太大，还不如修车来得实在。"

前几天，我从修车铺的门前经过，发现修车铺的门锁着，上面挂了一个牌子，写着："店主有事，停业三天，三天后准时开张。由此给大家带来的不便，还请大家多原谅！"

世界上没有卑微的职业，只有不努力的职员。不管处于何种地位，职业的差别有多大，只要努力，不怕吃苦流汗，每个人都将会在奋斗的过程中耕耘出收获的喜悦。拿破仑说，不想当将军的士兵不是好士兵，但修车的店主却用自己的行动向我们展示了这样一个道理：职业不分贵贱，不想当将军的士兵也是一个好士兵！

坚持下去，结局肯定不同

1826年，举世闻名的伦敦大学成立，为了尽快提高自身的地位和声誉，学校聘请了许多社会名流和学者前来讲学。一位具有创新精神的年轻学者也在他们的邀请之列，他教授的是法学的基础学科——法理学。第一周，来听他讲课的学生有53人；第二周，来的学生不超过30人；第三周，前来听课的学生不足20人。到了第六周的时候，偌大的教室就只剩下了3名学生。万般无奈之下，校方向这位被讽刺为"光杆司令"的学者提出了建议：放弃自己的学术观点，按社会上流行的观点向学生们授课。但学者坚信自己观点的正确，始终不愿放弃自己的独到见解，于是，他选择了辞职。

接下来，他去了英国刑法委员会任职，但是由于他所钻研的东西不合群、不符合大众的口味而得不到周围人的支持，于是，他再次选择了辞职。此后，他又去了很多地方，比如巴黎、马赛等大城市，但处境仍没有多大的改变。其实，只要他愿意改变自己的立场，按照通俗的做法来适应这个社会，凭借着聪颖的头脑和在法学专业上无人能比的天赋，他肯定能取得至高无上的荣誉和地位。但他没有妥协，他只是坚持并完善着自己的学说，不怨天尤人地埋头钻研下去。他坚信，时间是检验真理的试金石，正确的终究是正确的，错误的可能会风光一时，但不会永远这样辉煌下去。

　　1845年，英国著名法学家梅因发现了他的学说，并认识到了其中蕴含的价值，便开始大力推荐。随着这一学说的日臻成熟，人们也逐渐认识到了其别具一格的魅力。于是，它很快成为社会所普遍接受的一个学说，成了19—20世纪最为流行的法学流派，这个流派叫分析法学。这个学派的首创者就是那个坚持到底的年轻学者，他的雕像现在还矗立在伦敦大学校园内，他的名字叫约翰·奥斯丁。

　　正如梅因所说，"历史上法学流派不计其数，但很多都因为在历史的发展中被放弃了而不为人知，而那些传承下来的则会在历史的星空中熠熠闪光"。约翰·奥斯丁的价值并不在于他发现并创立了自己的学派，而在于他始终不懈地坚持该学说并使其发扬光大。他让人认清了这样一个事实：坚持下来的都值得我们每一个人尊敬。

　　其实，我们的生活也是如此。很多时候，别人之所以能够成就一番大事，而我们却始终碌碌无为，并不是因为我们愚钝，或是缺乏成功的资质及其他必备条件，而是因为我们在不断地碰壁中选择了放弃或半途而废。拥有完美的条件不一定会让我们在成功的道路上越走越远，但没有坚定的意志和恒心却一定不会让我们实现心中的梦想。这就是生活的真相，更是坚持的价值所在。

做一个聪明的守株待兔人

　　有个人在下班的路上捡了一张百元大钞，他很高兴。他一天的工资才30块钱，捡一次钱就相当于上了3天班，并且还什么活儿也不用干，这个人越比越觉得上班不划算，于是，辞了工作，专门守在路边等着别人掉钱。但连着守了大半年，他不仅没有再捡到钱，反而坐吃山空，把以前赚的老本也花光了。好多知情的人都嘲笑他的想法很傻很天真，完全就是守株待兔。不过，这半年他也没白守，整日等候在路边看人来人往，他发现这儿附近有学校、医院，还有饭店，就是没有一家像样的水果店，经常有去医院和学校的人向他打听附近哪里有卖水果的。这个人思来想去，觉得这是个很好的机会，于是，向朋友借了钱，又从银行贷了一点儿款，真的就开了一家水果店。事实证明，他的判断是完全正确的，自从他的水果店开张之后，每天到他店里买水果的顾客络绎不绝，他现在正准备开一家分店。

　　当然，有的人就没他这么幸运。

　　也是有个人在路边捡到了钱，然后，觉得上班太辛苦，就辞掉了工作，专职干起了捡钱的营生，结果呢，和前面的那个人一样，他也再没有捡到过钱。以前的钱很快就花光了，他又不愿意重操旧业继续上班工作，当穷困潦倒到了一定程度时，他便狗急跳墙把手伸进了别人的口袋里，最终，他落了个银铛入狱的可悲下场。

也许，生活中没有那么多百元大钞可以捡，更没有那么多喜欢守株待兔的人，但我们可以把它当成一个寓言故事来看。同样是守株待兔，结果却大相径庭，令人回味。

其实，答案不言自明：没有永远正确的人，也没有永远错误的道路。处在人生的三岔口时，关键是看你迈哪条腿，怎么去走。

幸福是
灵魂的香味

在乎自己，你才是最闪耀的那颗星

　　他并不是个幸运的人。从小到大，他没有进过重点班，也没有机会到重点学校读书，当然，这不是说他是个笨孩子，学习成绩不如别人，而是他的运气一直不好，每到关键时刻总会出现一些意想不到的事情，让他与梦想屡屡失之交臂。但他是个乐观的人，一点儿也不气馁。他相信，是金子在哪里都会发光，只是时间的早晚而已。

　　大学时，他读的是播音专业，其实，这并不是他想学的，是经过调剂之后才确定的，但他想了想还是欣然接受了。"学什么不都是学，努力攻克那些自己并不擅长的领域，不是一件很有挑战性、很有意义的事情吗？"说这话的时候，他很有信心。

　　由于没有一点儿基础，和其他同学相比，他有着不小的差距。为了缩小和周围人的差距，他努力地学习；为了达到老师要求的标准，他还是努力地学习。别人玩的时候他在学，别人学的时候他仍泡在图书馆不懈地追逐自己的目标。终于，在大二那年，他通过坚持不懈的努力，终于赶上并超过了所有曾经比他强的同学，一跃成为本专业年级的佼佼者。这种优势，他一直保持到大学毕业。

　　大学毕业后，许多成绩不如他的同学都通过各种关系找到了相当不错

的工作，而他虽然各方面都优秀，就是找不到用武之地，他再次遭遇人生的滑铁卢。

无奈之下，他回到了家乡的小县城，做了当地电台的一名主播。家乡地理位置偏僻，经济发展相对落后，工资待遇自然不会高到哪儿去。但他不在乎这些，工作的热情很高，一点儿也不放松对自己的要求，即使是一个错音都不放过。工作之余，同事们都打牌聊天，而他却反复练习、反复推敲，直到使自己满意为止。同事看他做得辛苦，就开导他："穷乡僻壤的，更何况你的节目是在凌晨，有几个人会在乎你！"他笑笑，说："别人不在乎，但我在乎，必须对自己负责呀。"

同事们都不理解他的话，笑他迂，他却依旧忙得不亦乐乎。由于节目形式新颖，内容丰富，声音特别具有感染力，他的听众渐渐地多了起来。市电台的一个领导偶然听了他的节目之后，觉得他是个人才，就把他挖了过去。这可是他的同事们都梦寐以求的事情，而他却不费吹灰之力就得到了，别人不明白这是为什么，但他心中却很清楚其中的真实原因。

进了市电台，级别高了，待遇自然也提升了不少，但他依旧像过去那样努力，从不认为自己的目标就到此为止了，他有更大的理想。虽然就连他自己也说不清自己不懈奋斗的最终目标是什么，但他对工作负责、对自己负责的态度却一点儿也没有变。

凭借着这种劲头，三年后，他在参加一次全国性的播音员大奖赛时，一举获得了大奖赛的金奖，再加上较高的学历条件和工作能力，一家中央级的媒体破格录用了他，他一下子实现了人生的连阶跳。接下来的日子里，他依旧很努力。现在他已经是一名资深的播音员，在圈里圈外都小有名气。

出名后，他经常被邀请到一些大学做演讲。一次，在给一所二流院校的学生做演讲时，他并没有给那些对专业学习不感兴趣的学生讲专业的知识和理论，而是深情地回忆了自己的奋斗经历。最后，他鼓励那里的学生

说："在生命的航程中，每个人都会碰到一些不如意的事情，都会遭遇人生的滑铁卢，但不论何时，身处何地，你都不应该气馁，更不应该沮丧，只有以对自己负责的态度迎接未来，挑战困难，才能取得最终的辉煌。记着，别人可以一点儿也不在乎你，但你一定要在乎自己！"

他的讲话赢得了台下听众热烈的掌声。

第三辑

圆满的人生分三步走

　　圆满的人生是应该分三步走的：第一步是当你遇到困难时，接受别人伸出的援助之手，让困境中的你不至于彻底绝望；第二步则是在别人的帮助下，不懈地努力，不停地奋斗，使自己赢得独立生活的能力；第三步则是利用自己的能力去帮助别人，回报这个社会。

双赢才是成功的最高境界

休·比弗是一名普通的英国人，却有着不同凡响的抱负，他渴望取得成功，希望创造出令全世界都为之惊叹的辉煌事业。大学毕业后，为了实现自己的梦想，他开过公司，当过出版商，还做过一些食品生意，但不论做什么，和周围的同行比起来，他都不是最好的，这让他感到十分沮丧。但失落总是暂时的，天生乐观的他很快便又振奋起来，他相信自己，相信自己是个不平凡的人。不过，失败的次数多了，他也有些迷茫起来：难道我真的不行吗？

郁闷之际，几个朋友前来邀请他外出打猎散心，他看了看挂在墙上的猎枪，点头同意了。

打猎是比弗先生最大的业余爱好，当他抄起猎枪瞄准一只松鸡时，他把一切烦恼都抛在了脑后，于是，很快，他便击落了好几只猎物。在回去的途中，身边的一个朋友不经意地说道："比弗，咱们今天捕获的这些鸟禽当中，你知道哪一种飞得最快吗？"

"应该是松鸡吧，我觉得这种鸟的飞行速度最快。"

"不对，应该是金鸻鸟，刚才我瞄准它时，还没扣动扳机，它就飞得无影无踪了。"一个朋友提出了自己的意见。

"金鸰鸟飞得确实快，但我还是觉得它没有松鸡飞得快！"另一个朋友说。

大家就这样走着争辩着，谁也不服谁。等回到家里，大家对于这个问题还意犹未尽，于是，就查阅一些资料，但查来查去也没找到让人信服的答案。其实，在当时的英国和爱尔兰的8万多家酒馆中，每天晚上都有一些人在争论诸如此类的问题，比如当今体坛谁是跑得最快的人，谁是拥有财富最多的人，等等。然而，由于没有一本权威的书籍为大家指明正确的答案，因此，讨论来讨论去，最终的结论总莫衷一是，都无法令彼此心悦诚服。今天，比弗先生和他的朋友们同样也陷入这种怪圈。在大家热烈的讨论声中，一向眼光敏锐的比弗先生突然灵机一动：既然我无法创造出令人瞩目的辉煌和奇迹，那么我为何不做一名记录这些成绩的欣赏者，间接实现自己创造奇迹的梦想呢？

说干就干，第二天比弗就在伦敦街107号建立了办公室，着手出版一本纪录大全。经过近一年的筹划和资料搜集，1955年，世界上第一本纪录大全问世了。比弗先生亲自为它起了名字——《吉尼斯世界纪录大全》。由于书的内容权威翔实，又切合当时读者的需求，因此，出版不到半年，就跃登当年英国十大畅销书榜首。比弗喜出望外，马上成立了吉尼斯出版公司，专门负责该书的编辑策划和发行事宜。很快，《吉尼斯世界纪录大全》便漂洋过海，风靡全球。随着这本书的成功，比弗先生也名声大噪，被出版界誉为"世界上最有想法的出版人"。

管理学大师德鲁克曾精辟地指出，"衡量一个人成功的基本标准不是看他所拥有财富的多少，而在于他取得成功的方式。如果一个人在实现自己抱负的同时，也方便了整个社会，那么，他无疑是一个令人敬仰的成功者。"是的，每个人都渴望取得成功，但并非都能如愿。这时，我们不妨静下心来，做一个欣赏者，就像比弗先生那样，欣赏了别人，同时也成功了自己。这才是成功的最高境界。

一棵奔跑的树

　　这是一棵生长在荒漠中的树。它低矮瘦小，它弱不禁风。它的周围除了一些近似枯草的小树之外，全都是一望无际的沙漠。没有肥沃的土壤供它生长，没有甘甜的水源让它解渴，生活在这样的环境中，条件非常艰苦，但它却精神抖擞，意志昂扬。因为它有一个梦，一个近似荒唐的梦，它说，它想看看海，亲眼看一看海面上波澜壮阔、波涛汹涌的场面。

　　自从一只远道而来的雄鹰向它描述过大海的样子之后，它就一直在做一个关于海的梦。它相信，梦有了，希望就诞生了。即使那个梦遥不可及，离它有十万八千里。

　　为了实现自己的梦想，它开始努力生长。它把根深深地扎在沙漠里，向着海的方向不断延伸。即使触到坚硬的石壁，撞得浑身是伤，它也绝不退缩。因为它有目标，它有理想，它是一棵与众不同的树。

　　周围那些伙伴看着它伤痛累累却仍在奋力拼搏，都讥笑它不自量力，说它是没有自知之明的笨蛋。听着那些冷嘲热讽或善意的忠告，它迷茫过、思索过，但却从来没有后悔过、动摇过。毕竟它是一棵很特别的树，一棵倔强的树，一个不达目的誓不罢休的荒漠开拓者。

　　它的体内淌满了汩汩流动的、不屈不挠的液体，它的骨子里生长着一

种叫作坚强的东西。

它的根越伸越远，它的枝叶愈长愈茂。它像一只勇敢的雄鹰，虽然路途艰辛，苦难重重，但仍要展开翅膀逆风翱翔。它努力把根向远方伸过去，伸过去。

追梦的历程是痛苦的，也是孤独的，但它不怕。它把寂寞当成一种享受，把跋涉当作一次旅行。它和蓝天做朋友，它和冰冷的月亮倾心交流。它在黄昏中沉默，它在阳光下快乐歌唱。

沧海桑田，岁月如梭，一年一年过去了，它逐渐变老了，但它的梦却一点儿也没有老。终于，有一天，它累倒了，疲惫的它做了一个梦。梦中，它突然长出了脚，长出了和动物一样能奔跑的四肢，它成了一棵可以奔跑的树。它跑呀跑呀，终于，见到了海，见到了朝思暮想的、夜夜入梦的、气势磅礴的大海。醒来时，它泪流满面。

后来，它死了。死得悄无声息，好像世间从来没有这样的一棵树一样。只是，看着它枯死的树干，看着那倾斜的特殊姿势，仿佛是要朝着远方奔跑。

傻瓜不傻

20世纪60年代，柯达公司研制开发的袖珍相机刚一推向市场，便以质优价廉、携带方便的优势引发了世界性的购买狂潮，在包括亚非欧及南美洲在内的各洲27个国家里都有销售。但是，就在柯达的这款俗名叫作"傻瓜"的相机在市场上独领风骚的时候，柯达公司却做出了一个惊人之举，他们向外界宣布，公司要公布傻瓜机的专利，其技术全部都可以免费提供给世界上任何一个相机制造商。此言一出，立马引发媒体"地震"，许多人都认为柯达公司完全是在哗众取宠、故意释放烟幕弹。但几天后，当柯达公司真的把专利毫不保留地公开后，人们都相信了。惊叹之余，人们纷纷讥笑柯达公司的这一行为简直是傻子所为。但柯达的老总却并不这么认为，他有自己的理由。

原来，当柯达公司因销售傻瓜机已经获得了超过20亿美元的超额回报时，市场已处于基本饱和状态，而其竞争对手——日本研发的类似相机也马上就要问世，并且，还有一大批潜在对手也投入了巨额经费进行相关产品的研究，如果此时把专利公开，将会使竞争者投入的巨大开发成本付之东流，变得一文不值，这势必会削弱对手正在高涨的士气。另外，柯达公司也敏锐地觉察到，随着相机的逐步普及，消费者对高质量胶卷的需求将

会变得更加迫切。因此，柯达公司在公布专利的同时，又做出了一个把精力转移到胶卷制造上的大胆决定。接下来的事实证明，柯达公司的决定是无比正确的，仅此一招便把原本实力相当的对手都远远地甩在了身后。一年后，当竞争者都在为市场份额下降忙得焦头烂额时，赚得盆满钵溢的柯达公司却又开始了新的战略思索。

舍不得孩子套不来狼，商场如战场，舍得也能值得，大投入才能有大回报。什么都不愿付出的结果往往是什么也得不到。其实，人生亦是如此。在漫长的人生路途中，只有在经历了长远的跋涉和巨大的付出后，才能到达理想的彼岸，摘到成功的硕果。

远方有棵幸福树

　　据说，在很遥远的地方，长着一棵苹果树，吃了树上的苹果，就可以永远幸福。但摘到那些苹果也不是一件容易的事情，很多人都因为耐不住一路的寂寞和荒凉，最终半途而废。他是个意志坚定的人，下决心一定要得到那传说中的苹果。

　　带着梦想和干粮，他上路了。

　　一路风尘，一路坎坷，数不清的困难和危险都在前面的路上等着他，他虽疲惫不堪却信心不减，他觉得只要能得到幸福，就算再苦再累也值了。翻过一座座崇山峻岭，越过一道道悬崖峭壁，走过一片片险象环生的沼泽，穿过一串串荆棘密布的山路。终于，在经历了千辛万苦之后，他来到了一片花香四溢的芳香之地。风儿吹，花儿笑，数不清的彩蝶围着他翩翩起舞，当然，这里还有甘甜的泉水和鲜美的水果，让饥肠辘辘的他终于可以饱餐一顿。"在这里生活下去一定会是一件非常美好的事情，这个地方简直就是一个世外桃源！"但当困意消失之后，他马上就清醒了，他没有忘记自己的目标，他更不愿意就这么中途而弃。于是，短暂的歇息之后，他再次上路了。

　　芳草渐远，繁华不再，伴随他的仍是一路的贫瘠和萧瑟，他就那样走着。然后，他来到了一个矿山的附近，这里埋藏着数不尽的黄金和矿石，随便拿上一件就价值连城，他摸摸这一块，碰碰那一个，犹豫了很久，最后还是都放下了，他实在是没有太多的力气去携带这些东西上路，他的目标是那个闪着幸福之光的苹果。于是，他再次踏上了通往幸福之路的路程。

又不知道走了多久，他实在是太累了，竟然倒在了坎坷不平的山路上睡着了。当他醒来之时，发现自己睡在一张柔软舒适的床上，旁边有个美丽的姑娘正守护着他。这个姑娘是那样的温柔和善良，在她的精心照料下，他很快就恢复了体力。他非常感激那个姑娘，甚至有点喜欢上那个姑娘了。不过，他还是下决心要继续往前走，他发誓一定要摘到那个幸福的苹果。可是，他真的有点舍不得离开那个姑娘。他走的时候，那个姑娘一直送了他很远，看得出，姑娘也是喜欢他的，他犹豫了再犹豫，最终，还是选择了继续前行。

走呀走，不知道又走了多长时间，这一天，他终于站在了那棵苹果树下，得到了那个闪着幸福之光的苹果。可是，一阵欣喜之后，他突然有些落寞起来。拿着幸福之果，他突然怀念起了那片世外桃源，还有那个金光闪闪的矿山，当然，他最想念的还是那个曾经照顾过他的姑娘。

如果用矿山上的宝藏在那个芳香之地修建一座城堡，然后和那个姑娘一起生活在那里，那该是一件多么幸福的事情啊！

他毫不犹豫地扔下手中的苹果，开始大步往回走。

成功就是比别人早一步

他出身很苦。

7岁的时候，父母就在一场意外事故中早早地离他而去了。幸好还有一个疼他的奶奶照料着他的生活。奶奶已经上了年纪，除了一点儿退休金外，没有别的收入，祖孙二人生活的艰难可想而知。

尽管条件艰苦，但他在学校里的成绩一直都很优秀。其实，他并不比别人聪明，确切一点儿说还有些笨，只是他很努力。勤能补拙嘛，穷人的孩子早当家，吃的苦多了，自然更加珍惜眼前来之不易的生活。虽然年龄还小，但他明白，改变自己命运的唯一途径就是好好读书。因此，他把有限的时间都投入到了无限的学习当中。每天，当别的学生还在睡觉、嬉戏或沉醉于网络无法自拔的时候，他已经开始学习了。学过的他再学一遍，没学过的他就认真地进行预习。而当别的同学做这些事情的时候，他又把视野转移到了其他的学科上。凭借总是早别人一步的学习态度和习惯，他每次都能在期末的考试中取得优异的成绩。并且，他一直保持这种优势到了高考结束。

接着，在周围邻居的资助下，他艰难地上了大学。他不仅学习本专业知识，还学习相邻专业的知识。为了扩大知识面，他还抽空自修了和自己专业毫不相干的专业。他就像一棵无人注意的小草，倔强而又坚强地生长。大三那年，当别人还在为专业课考试发愁的时候，他已经圆满地提前学完了大学四年全部的专业课程。觉得储备的知识已经差不多了，他便在课余时间寻找社会实践的机会，锻炼自己的动手能力。有段时间，他竟然找了6份兼职，其中的好几份工作都和他的专业不对口，但他仍是干得得心应手。毕竟他曾经为此付出过巨大的努力和心血。结合自己工作中遇到的现实情况，他不断地完善着自己的知识体系和为人处世能力。

大四毕业时，许多同学都因找不到工作而四处奔波，疲惫不堪，他却没怎么费事就找到了一份不错的工作——他曾经兼职的一家公司主动向他抛出了橄榄枝。公司老总说："我们公司要的就是这样勤奋好学、踏实肯干的人才。"毕业时他收到过好几份这样的邀请，让周围的同学羡慕不已。面对同学们的赞叹，他平静地说："其实，我并不比你们强多少，只是我的脚比你们早迈出一步而已。"

工作后，他仍然没有丝毫懈怠，一有空他就给自己充电。三年后，公司因为各种原因倒闭了，职工纷纷下岗。许多同事都日夜为找工作的事情辗转反侧，而他却又像当年一样，轻松地得到了一份待遇丰厚的工作。一年后，因业绩突出，他又被提升为部门的主管。现在他的办公室就在我的隔壁，他成了我的同事。

闲聊时，我问他为何他的人生之路一直这么顺，他淡淡一笑，然后给我讲了他的人生经历。他说："其实，说了这么多，我觉得一句话就可以概括出问题的答案了，那就是我从来都没有懈怠，前进的时候总是比别人迈得早一步。"

比别人早一步，一句简单不过的话语，却蕴含着无比丰富的人生哲理。如果你确实智力鲁钝，那你可以选择笨鸟先飞的策略；如果你本就是一个聪明的人，为了在未来的道路上越走越远、越走越宽，你更应该比别人早迈一步。正如TCL总裁李东生所说，"在当今的世界上，谁升起谁就是太阳"。如果你真能勇敢地跨出这关键的一步并持之以恒，那么，我们完全有理由相信，成功一定会在你面前展现出无限的可能！

傲者必败，巴顿将军的滑铁卢

1943年，对于美军的二号人物巴顿将军来说，有两件事最令他难以忘怀。第一件事就是他指挥的美国第七集团军成功登陆西西里岛，在英国的蒙哥马利元帅到来之前，抢先一步攻下西西里岛的墨西拿，为正和英国较劲的美利坚合众国和艾森豪威尔露了脸。第二件事就是他在视察美军后方的一家伤兵医院时，把一个伤员痛斥了一顿，而且还在盛怒之下给了这个伤员一个大耳光。也许，当时的巴顿和所有在场的人都没有料到，这记耳光影响到了巴顿此后的人生际遇。

事情的起因其实很简单。巴顿将军本就是个性张扬之人，素有"血胆老将"的美誉。勇敢勇敢再勇敢，进攻进攻再进攻，在战场上退缩的都不是好士兵。他一直崇尚的就是这种"打仗不怕死"的精神，他经常挂在嘴边的一句口头禅就是："最坚固的铁甲和最稳固的防守是不断地进攻。"一次，在查看阵地设防时，因为防御工事做得比较坚固，他竟然毫不客气地把手下的一名师长讥讽了一番。防守做得好也要被训，试想，当性格如此暴躁的巴顿在看到一名身体健壮却自称"精神有病"的伤员躺在病床上时，他胸中燃起的怒火有多么汹涌澎湃！当着众人的面，他不仅把这个士兵骂了个狗血喷头，更甩手给了这个士兵一记响亮的耳光，离开的时候，他还留下了一句至今仍掷地有声的话语："为了使一个孩子成长，有时要打他一个耳光！"

其实，这个士兵由于长期作战，确实患上了精神方面的疾病，只是在那个硝烟弥漫的年代，关注这方面的人比较少而已。而作为一军统帅的巴顿，一向都大大咧咧，喜欢亲自冲锋陷阵，哪里会关注到这些问题？在他看来，只要肢体健全、肉体没受到损伤的士兵都应该横刀立马，勇猛杀敌，即使战死沙场也毫不吝惜。于是，当成功登陆西西里岛之后，面对着随军记者对他虐待士兵的批驳和指控，巴顿傻眼了。许多对巴顿怀有成见的人也轮流站出来指责巴顿的暴戾霸道作风，军队内外的舆论也呈现一边倒的趋势，纷纷要求将其撤职查办。素来重视人权的美国人，特别是有亲人参军的家庭，更是在美国国内举行示威以示对巴顿的抗议。但巴顿终究是个军事方面的奇才，作为美国最高军事统帅的艾森豪威尔深知这一点，他实在不愿因为这一巴掌白白埋没这么一个优秀的军队将领，于是，在艾森豪威尔将军的竭力庇护和调解下，经过巴顿的一再道歉，此事最终不了了之。

为了平息舆论，巴顿还是被调离了第七集团军，被派往地中海地区。虽然，其后巴顿又被委任为第三集团军司令，但所有这些职务都是一些闲职，实际已无指挥军事的大权。即便在举世闻名的诺曼底登陆战役中，巴顿也只是以配合者的身份参与其中，再无"耳光事件"之前横扫千军如卷席的威武之风。

因为一记耳光让战功卓著的巴顿将军从此开始走人生"下坡路"，有人会说美国果然重视人权，不论多大的官、多么有权势的人，都会为此付出惨重代价。读过蒙哥马利元帅自传的人也许会注意到一个奇怪的现象，那就是在整本书里，蒙哥马利提到了很多参加二战的人，有大人物、小人物，甚至还包括冤家对头——苏联方面的一些将帅等，但对巴顿却只字未提，好像巴顿这个人根本就不存在一样，这对为二战的胜利立过重大功勋的巴顿来说，确实有些不公平。但从中我们不难看出，蒙哥马利是多么不

喜欢巴顿，换句话说，也可想见巴顿的人际关系有多糟糕，连远在英国、性格那样和善的蒙哥马利都没团结住。

其实，凭借着那些曾经立下的汗马功劳，巴顿是有机会翻身的，但是，他没有把握住。那一次，在美英苏庆祝二战胜利的宴会上，胸前挂满奖章的他，毫不避讳地当着苏联人的面，态度强硬地嚷着"迟早要和俄国佬开战"，这些激进的言辞不仅得罪了苏联人，也使有意借此机会提携他的艾森豪威尔尴尬万分，一气之下，彻底结束了他的军旅生涯。接下来，巴顿被改任美国第十五集团军司令，主要工作就是负责编写从欧洲战争开始到德国投降这一段的军事史。这样的工作对习惯于戎马倥偬的巴顿来说，有多大的意义可想而知。可以说，在此后的半年时间里，巴顿是在寂寞和孤苦的日子里度过的，直到1945年12月，他突遇车祸后逝世。

为什么一记耳光就能引发那么大的舆论反应，为什么事件发生后所有人都站在了他的对立面，为什么周围人看他的眼光总是那样飘移不定？没出车祸之前，他一直说要写部回忆录，但他一直都在构思，直到发生车祸，他也没有构思好。不知道在他的构思中，是否想到了这些曾经被他忽略的细节。

不论怎样，巴顿将军的功勋是无法抹杀的，在西点军校校园内，他与艾森豪威尔总统、麦克阿瑟将军享受同等殊荣，各立一座雕像。但是，也许在活着的时候，巴顿一直都没有料到，当他坐着华丽的指挥车耀武扬威地经过比他还要桀骜不驯的美国大兵的队伍时，当他因为一件琐事把亲信骂得狗血喷头时，当他口无遮拦地在谈判桌上指责盟友的过失时，当他为了坚持自己的观点痛骂自己的上司时，他在有意无意之间几乎把所有的人都得罪了。他虽然至死都处在高高在上的位置，每次出行都是人声鼎沸、前呼后拥，但却是名副其实的孤家寡人。

历史总是由诸多偶然和必然事件写就的，也许，如果没有那一记耳光，巴顿将军将在他的军事生涯中继续辉煌下去，也许，他真的会和苏联人打上一仗，那么，历史的走向也许将会有所改变，世界近代史也将会被改写。但所有这些都是一种假设，当我们漫步在历史长廊之中，以旁观者的角度瞻仰这个历史巨人时，我们可以清晰地觉察到，伟人的一举一动都将会对历史产生重要的影响，哪怕是微不足道的一巴掌，也有可能让世界变成另一个模样。

给弱者一个机会

　　耐克公司刚成立的时候，生意并没有现在这样红火。与阿迪达斯、虎牌等这样赫赫有名的品牌相比，简直微不足道。然而，一个广告片的出现，既改变了一个黑人的命运，也把耐克推向了世界。

　　这个广告片名叫"乔丹之航"。广告片的主角是一个别名叫乔丹的黑人男孩。在他参加这个广告之前，大部分人从未听说过他，更没有听说过耐克。而自从这段广告播出后，乔丹和耐克同时出名。在片中，乔丹一跃而起时所爆发出的如飞鸟般的神奇力量，和那双耐克运动鞋巧妙地结合在一起，深深地印在了大众的心间。随着公牛队不凡的战绩和乔丹的出名，耐克的广告也以势不可当的气魄风行全球。1980年，耐克的销售额一举超过阿迪达斯，成为世界运动品牌的翘楚。

　　高中的时候，乔丹曾经参加过校篮球队的选拔赛，但最终被淘汰了，同时，教练也并不看重他。但当时的耐克公司却独具慧眼，觉得这个男孩虽然瘦了点、黑了点，却有出色的弹跳力和身高、臂长的优势，只要给予机会，一定会有很大的发展。于是，耐克公司就和这个黑人男孩签订了合约。结果证明，他们的选择是对的。他们成功了。

　　在很多时候，我们都把目光聚集在成功人士、社会名流身上，认为他

们才是社会的榜样。其实大可不必。弱者和失败者同样需要我们投去关注的眼光。在他们身上，照样可以挖掘出无尽的潜力，缔结出梦想的辉煌。许多弱者的出现，并不是因为他们没能力、没本事，只是源于社会对他们的漠视，始终不愿给他们一个改变命运的机会。

给弱者一个机会，就是在他们心间播撒一颗希望的种子，在社会中搭建一个能者上的平台，让每一个人都有展示自我的可能。也许某一天，在我们不经意间，他们会变成另外一个"飞人乔丹"。

帮助别人就是解脱自己

有时候，我们帮助别人，也是在帮助自己。

《伊索寓言》里有这样一个故事：从前，有个商人赶着一头驴子和一头骡子运送货物。由于路途遥远，路面坎坷不平，所以走着走着，瘦弱的驴子便累得上气不接下气，两条腿也哆嗦个不停。于是，驴子对骡子说："骡子大哥，你身体健壮，求求你，把我背上驮的货物再分给你一点儿吧，我实在是驮不动了。"骡子听了驴的话，连头都不抬，只顾走自己的路。驴子看到骡子不理自己，又硬撑着走了几步，继续哀求骡子。但骡子就是不肯帮忙。终于，没过一会儿，驴子"扑通"一声，倒在地上再也起不来了。商人看到驴子死了，只得把原来它驮的货物转移到骡子的背上。骡子掂了掂自己背上的分量，后悔地自言自语道："假如刚才我答应帮驴子一把，那么现在我也不需既驮着我的货物，又要驮着它的了。"

朋友，读完这则寓言后，你有什么感想呢？寓言中的骡子是可气的，但又是可悲的。面对驴子的请求，它始终不肯帮忙，最终落了个受苦受累的下场。但这又能怨谁呢？这只能怪它自己没有同情心和相互协作的心肠。

　　我们生活的社会是一个相互联系的共同体，生活于其中的每一个成员都需与周围的人交往。有时，我们不经意间伸出的援助之手，不仅会给处于困难中的人带来春天般的温暖和希望，而且也可能会在无意之间帮助我们自己。

　　当然，当我们帮别人的时候，千万不能抱有"他们应涌泉相报"的想法，如果那样，我们这些自称"大自然万物之尊"的人类，与那头麻木不仁的骡子相比，又能高尚到哪儿去呢？

换一种接受阳光的姿势

以前，果农在栽种果树的时候，总是尽量把树栽得又稳又直，以为这样可以让果树更好地吸收阳光，更好地成长，从而收获更多的果实。这种观念一直持续了很多年，直到19世纪生物学家达尔文才有了新的发现。不过，那时的达尔文还只是个20多岁的年轻人，距离发现著名的"生物进化论"还有20多年的时间。

那是一个特别闷热的夏天，一场突如其来的暴风雨半夜袭击了达尔文舅舅的果园，所有的果树都被刮得东倒西歪。看着自己几年来用汗水和心血浇灌的劳动成果在一夜之间将付之东流，舅舅心急如焚。雨还没停，他便冲进果园，一棵一棵地把倒下的果树扶直。达尔文刚好在舅舅家住，便和表兄一起进果园帮忙。经过一个星期的辛勤忙碌，大部分的树都又恢复到了原来笔直的样子，但还有一小部分始终无法被扶直。舅舅无奈，也只好听之任之了。但到秋天收获的时候，再次过来帮忙的达尔文却惊奇地发现，那些匍匐在地的果树，竟然比那些直立的果树的产量高许多。这样的结果着实让达尔文大感意外。惊讶之余，聪明好学的达尔文便细心地观察起来。经过反复的对比和实验，他发现了其中的奥妙。原来，斜着生长的果树可以吸收到更多的阳光。因为不论何时，它都可以使自己的全部枝叶沐浴在阳光的照射下，而那些直立着生长的果树所接收到的阳光，其强弱却会随着时差的变化而有所不同。特别是在阳光最强烈的时候，它只有一面可以接受到光的照射，而另一面却是阴影。不均衡的阳光吸收量势必使果树的产量受到不同程度的影响。也就是说，达尔文和舅舅等人曾经把果树扶直的劳动完全是在做无用功。

达尔文很快把这个发现告诉了舅舅，舅舅起初半信半疑，但在试验结果面前，他最终还是相信了。于是，他们就特地把果园里的那些果树倾斜了一定的角度。来年的产量证明，他们的做法是正确的。其他的果农听说后，纷纷效仿，他们同样也获得了丰收。

很多时候，我们都会不加思考地认定一些事情是完全正确、无懈可击的，但事实却并不一定是这样。许多问题并不是只有一个答案，同时你所知道的答案也不一定就是最佳的选择，只有在经过反复的实验之后，才会发现，问题并不像你想象的那样简单。换一种接受阳光的姿势，其实，就是要我们摆脱习惯思维的束缚，勇于怀疑一些看似十分合理的事实，从更多的角度思考问题，从而找到最优的解决方案。

换一种接受阳光的姿势，也许会让你学到更多，收获也更多。

天堂隔壁的欲望小屋

据说，在进入天堂之前，每一个有资格的人都还要通过上帝的最后一次考验。只有通过这一关的灵魂才可以真正进入天堂，享受其中的幸福安逸生活。

这天，有两个人通过重重关卡，来到了进入天堂的路口。在他们的面前，闪现出来两座房子：一座金碧辉煌，一座简单朴素。透过门缝可以看到前者的院子里鸟语花香，不仅堆满了美玉珠宝，还站着数不清的美貌女子，个个有沉鱼落雁之容、闭月羞花之貌。而后者则是空空如也，什么也没有。其中的一个人心想，早就听说天堂是个好地方，里面有享不尽的荣华富贵、用不完的金银财宝，还有许多柔情似水的女子，这一看果然不假。也许，这就是所谓的天堂吧，于是他毫不犹豫地推开了那扇金碧辉煌的大门。

但没想到的是，他刚把脚迈进去，便落入了无底的深渊。因为他推开的门叫作欲望之门，是通向地狱的一扇门。

而另外一个人则怀着一种无欲无求的心态，平静地推开了那扇外表朴素无华的大门。结果，他进入了天堂，真正的幸福殿堂。因为他推开的门才是名副其实的天堂之门。

　　上帝目睹许多马上就要进入天堂的灵魂都错误地推开了天堂隔壁的欲望小屋之门，觉得十分痛心。为了提醒后来者，好心的上帝特意在这个地方竖立了一张警示牌，上面写着：欲望是通往地狱的大门。

当海顿遇到贝多芬

　　1783年，一个面容清秀的年轻人怀着对未来的无限憧憬来到了世界艺术之都——维也纳。他刚站稳脚，就拜访了当时正住在维也纳的大音乐家莫扎特。虽然身为一代艺术大家，但莫扎特对眼前的这位年轻人却十分热情，不仅为他提出了许多宝贵的建议和意见，还毫不吝啬地对其进行了认真的指导。为了鼓励年轻人，莫扎特还抽空参加了年轻人的演奏会，给年轻人捧场。在公开场合，莫扎特聆听了年轻人奔放流畅的钢琴演奏之后，高度称赞他道："你们应该注意这个年轻人，他将来一定能让全世界都听到他的音乐。"受到肯定的年轻人本想留在维也纳好好向莫扎特学习，但不幸的是，正在这时，家里传来了他母亲病危的消息，无奈之下，他怀着对莫扎特满腔感激的心情匆匆地赶向家中。

　　1792年，这个年轻人再次来到了维也纳。不过，莫扎特此时已经离世了。于是，年轻人决定投入和莫扎特齐名的音乐大师——海顿的门下。海顿虽然收留了他，但由于其正忙于自己的创作，无暇给予年轻人太多的帮助和指导。一次，在批改作业时，海顿竟然没有觉察到年轻人故意出的错。年轻人顿时失望透顶，觉得这样的学习对自己实在没有多大的帮助，于是他便偷偷到别处去偷课学艺，后来，干脆辞别了海顿，另换了老师。

通过不懈的努力，这个天资聪慧的年轻人终于名扬天下，他凭借着《英雄》《命运交响曲》《月光》等经典作品，让全世界都记住了他的名字——贝多芬。贝多芬成名后，对莫扎特曾给予他的帮助始终念念不忘，但对于曾师从海顿大师一事，却很少提及。在其出版第一号作品的时候，也没有加上"献给老师海顿"的献词。海顿对这件事表面上还是维持着满不在乎的绅士风度，内心里却觉得很不是滋味。

从这个演绎的故事中，我们可以知道，人非圣贤，孰能无过？就连举世闻名的音乐大师海顿也免不了会犯这样的错误，更不要说平淡庸俗的我们了。很多时候，明知道自己没有那么多精力去应付一件事，但为了面子抑或是为了其他，还是勉强自己去承接那些自己力所不及的事情，不仅难为了自己，也可能耽误了别人。忙活了半天，费力却不讨好，这又是何必呢？

其实，在面对别人的请求时，我们完全可以把自身的难处讲给对方，然后用另一种方式婉言推辞掉自己确实不能做到的事情，比如真诚地给他提供一些可行的建议、帮他介绍一些有用的线索等。这样做不仅起到了真正帮助对方解决燃眉之急的作用，也不会使彼此感觉难堪，更不会像海顿那样在事后落下满腹的委屈和遗憾。

埋藏的种子才有勃发的生机

大学毕业后好长一段时间，我都因为找不到工作而郁郁寡欢。这并不是说没有一家单位愿意接纳我，而是我总觉得那些工作和心目中的标准不一致。

我家是农村的，在外面找不到工作就只能待在家里务农了。看着没几天就被晒得黑亮的胳膊，母亲有些于心不忍，她劝我先随便找个工作干着。但自命不凡的我哪里肯听。母亲在一旁干着急也没办法。

一天，母亲喂鸡的时候，突然对站在一旁的我说："你看这地上的麦子。"

"怎么了？"我有些不解。

"你再过来看看。"说着，母亲拿起一把小铲来到院子的墙角处，开始松那些湿漉漉的泥土，然后，她在里面撒了一大把麦粒，并用泥土小心翼翼地盖好。"您这是干什么呀？"我有些纳闷。

"以后你就会明白的。"母亲微笑着说。

过了一个星期，一天中午，我刚从田里回来，母亲便喜滋滋地对我说："你到墙角去看看。"我放下手中的农具，走到墙角处仔细瞧了瞧。呀！母亲前些天种下的麦子已经出芽了，绿油油的一大片。

"你再看看那些撒在鸡笼外面的麦子。"母亲提醒我。

我转过脸看了看，琢磨半天，不清楚母亲到底是什么意思。看我实在想不明白，母亲放下手中的活计，循循善诱道："孩子，你看这些麦子，放在不同的地方，就会产生不同的结果。那些撒在地面上的麦子，不管过多少天，还是原来的老样子，而那些埋在泥土里面的没几天就发芽了。"我沉默不语。

母亲看我不说话，继续说："娘没上过学，大道理也讲不出来，但有些事情我必须先告诉你。人活在世上，谁没有个磕磕碰碰，吃点儿苦、受点儿委屈的，谁能保证自己一辈子全都一帆风顺？就像这麦子，如果不用泥土埋起来，闷上些日子，它会无缘无故地长出来吗？你再看看撒在地面上的那些麦子，虽然也很饱满，但就是不会发芽，为啥？不就是因为它只在那里傻等而不愿吃苦受累呗！孩子，不管啥时候，你都要记着，是金子在哪里都会发光，只是时间的早晚而已。"

听了母亲的话，我心头不禁一颤，豁然开朗。我吭哧了半天，不好意思地对母亲说："娘，我懂了。"

半个月后，我找到了一份工作。虽然不是很满意，但我还是留了下来。功夫不负有心人，一年后，由于工作认真踏实，业绩突出，我被部门经理慧眼识中，他提拔我做了公司的高级助理。

休假回家，我迫不及待地把这个好消息告诉了母亲。她淡淡地笑了笑，什么祝贺的话也没说，只是指着墙角那丛金灿灿的植株，说："看，麦子快要成熟了。"

豁达的人生才是幸福的人生

拉威尔是20世纪早期法国著名的作曲家。他因擅长管弦乐法而深受后人尊崇，由他创作的《波莱罗舞曲》是法国舞曲的杰出作品，此曲奠定了他在音乐史上的重要地位。

在进入巴黎音乐学院之前，拉威尔未曾接受过一天学堂教育，他的音乐才能完全是在家庭教师的初步启蒙和自身极高的悟性下练就的。从中不难看出他在音乐方面过人的天赋。1888年，13岁的拉威尔取得了巴黎音乐学院的入学资格。在这所素有"音乐天堂"之称的艺术学院里，拉威尔虽然年龄偏小，但其过人的音乐才能却无人能及。由于体质较差，他没有像其他的同龄人那样去服兵役，并且，阴差阳错，他竟然史无前例地在这所学校里待了整整16年才毕业。不过，充裕的时间也为他充分展示音乐才能提供了条件。

从1900年起，以《悼念公主帕凡舞》在乐坛上立住脚的拉威尔怀着极大的热情和信心，连年向当时官方认可的音乐最高荣誉奖项"罗马大奖"冲刺。但不幸的是，连续5年他都与奖项失之交臂。特别是1905年的那一次，主办单位以拉威尔年龄偏小为由，驳回了他的申请。屡战屡败，屡败屡战，意外的结局总是让拉威尔气愤不已。就连当时的知名作家罗曼·罗

兰也愤怒了，他公开指责举办方："如果这项大奖只是一味地把深具创造力的艺术家拒之门外，那还有继续存在的必要吗？"尽管自始至终拉威尔都未曾对落选的结果发表任何言论，但在反复被拒之后，他断绝了参赛的念头。1910年，拉威尔在音乐界的地位已经如日中天、无人能比，这时，罗马大奖的组委会，多次明确发出要向拉威尔授予勋章或者颁发大奖的邀请，但对荣誉已经毫不在意的拉威尔断然拒绝了这些他曾苦苦追求的东西。

最好的奖项却不能颁发给最优秀的艺术家，这不能不说是艺术的悲哀。想要的得不到，得到的不想要，其实，人生亦是如此。很多时候，现实就是这样，也许，面对这样的结局，我们需要做的是豁达，豁达，还是豁达。只有如此，心神才不会为生活所累，才能淡然洒脱地走好生活的每一步路。

圆满的人生分三步走

　　他是个出身于农家的孩子。出生时，已经有五个姐姐和一个哥哥了。这在有着"多子多福"观念的农村算不得什么，但每家每户的土地是固定的，粮食的产量也是有限的，再加上比他晚一年出生的妹妹，一家十口人仅仅靠一点儿薄田怎能吃饱肚子。生活的艰辛可想而知。父亲年岁已高，母亲身体不好，小小的他自然也就成了分担家庭重任的一员。农闲时，他放牛、割猪草，农忙时，他和哥哥姐姐们一起掰玉米、收庄稼，瘦弱的身影忙得不亦乐乎。穷人的孩子早当家，自小就处在水深火热、饥一顿饱一顿的生存环境中，他对生活的理解也就比别的孩子更加深刻。

　　8岁那年，在村子里一位老教师的介绍下，县城里的一个好心人伸出了援助之手，愿意替他出学费供他念书，他才有机会走进知识的殿堂，知道了自己的名字怎样写，知道了花儿为什么那样红。教他语文的老师经常会语重心长地告诫班里的孩子，山沟沟里的孩子要想有出路，不再像上辈人那样穷困潦倒地生活，就应该好好念书，通过学习改变自己的命运。对于老师的谆谆教导，好多孩子总是当作耳旁风，而他却相信并深深烙在心间。在家里没有时间看书，在学校时他就加倍地弥补，别人玩他学，别人学他还学。在他看来，学好书本上的知识是他摆脱生活困境的唯一途径。

由于一直很勤奋，他顺利地升入初中，后来又以优异的成绩考上高中。但是，就在他高中毕业时，阴影又笼罩了他的生活。一直资助他的那位好心人生意发生了巨大变故，无法再向他提供帮助了。他的学习和生活一下子陷入困境。家中还是以前的老样子，穷困不堪。不论是父母或者是兄弟姐妹，都没有能力也不愿意让他再继续念下去了。像他这样的年龄，在农村早就该成家立业了，上学哪有个尽头。

他不甘于就这样向命运低头，通过这么多年的生活积累，他清楚，路是走出来的，只要脚还在，没有跨越不了的沟壑和坎坷。怀着这样的信念，他背着自己寒酸的行李走进了大学。又在学校的帮助下，找到了一份勤工俭学的工作。在美丽的校园里，他没有度过一天真正意义上的周末和假期。他过得艰辛而又充实。有时，周围的老师和同学看他过得如此艰难，就捐一些钱物帮助他，但他却拒绝了。他十分感激地说："对于一个溺水者，一根救命稻草是很重要的，但接下来就看他是否有自救的能力了。我现在已经能养活自己，虽然生活苦了点儿，但品尝着自己的劳动成果，心里是甜的。"

大学毕业后，他顺利地找到一份工作。凭借着优秀的表现，几年后，他就被提升到了部门领导的位置，有车有房，银行里还有存款。他成了一名人人羡慕的金领，再也不用像过去那样为生活发愁了。贫穷的生活已经成了历史，但曾经的经历却记忆犹新，坎坷的生活经历赋予了他知恩图报的心。通过报社朋友的引荐，他和一个贫困山区的一所学校取得了联系，表示愿意无偿资助10名贫困家庭的孩子上学，直到他们大学毕业。后来，他在事业的征途上一直不断向前，直到升任公司的总裁。但不论工作多繁忙，每一年他都会抽出时间积极地参与一些慈善活动，为那些需要帮助的人奔走呼吁，捐钱捐物。他就是中国的汽车大王——"比亚迪之父"王传福。

哲人说，圆满的人生是应该分三步走的：第一步是当你遇到困难时，

接受别人伸出的援助之手，让困境中的你不至于彻底绝望；第二步则是在别人的帮助下，不懈地努力，不停地奋斗，使自己赢得独立生活的能力；而第三步则是利用自己的能力去帮助别人，回报这个社会。

心灵因为有爱的滋润才会无比丰饶和繁茂。在人生的旅途中，我们每个人都难免会遇到各种各样的困难和挫折，但我们不怕。毕竟，不论多么大的困难和阴影，在爱的包围和照耀下，都将显得微不足道；多么不值一提的举手之劳，汇集起来都将流淌成一条永不停留的暖流，润泽这个世界的每一个角落。怀着一颗感恩的心去爱这个世界吧，哪怕你的爱如此微弱，如此渺小，我们都应该感到欣慰。因为，我们在照亮别人世界的同时，也圆满了我们自己的人生。

一个天才的失败人生

天才自小就是个不凡的孩子。他3岁能识字，5岁能诵文，7岁能作诗。到13岁时，文采已超过教他的私塾先生。

天才不仅文采好，还心灵手巧，他能作画，善琴棋，通音律，学贯中西。他所作的山水画、油画无一不是生动传神的上品，他所谱的音乐皆是朗朗上口的佳作。

天才是一名巧工能匠，他只是随意看了两眼广场上树立的雕像，便无师自通地领悟了其中的精髓，他刻出来的雕像，刀工简洁，却栩栩如生。

天才还会木工，家中、邻人所用的桌椅板凳皆是出自天才之手，不仅设计美观，而且结实耐用。

天才还能做得一手好菜，寻常的材料、普通的食物，经过他的手之后，便成了一道道活色生香的美味佳肴，香艳诱人。

天才习医术，学配药，救世人之疾苦；天才擅裁剪，通美学，引领时尚潮流。天才上通天文，下知地理，总而言之一句话：天才完全无愧于天才的称号。

天才20岁以后，便隐居山林，不问世事。他有一个宏伟的目标，就是写一本旷世巨著，画一幅无人能及的杰作，作一首传唱寰宇的名曲，雕刻

一尊令世人瞩目的雕像……

天才的计划十分伟大，可以称得上是前无古人后无来者，为此他断绝了同周围人的来往，整日闭门苦苦构思，刻刻画画，但是，每一个构思他都不满意，每一件作品他是做好之后便匆匆销毁。天才是个追求完美的人，他要求自己的作品达到一鸣惊人的效果，因此，他一次又一次地推翻自己的构思，一次又一次地销毁已经完成的作品。他相信，他是个独一无二的天才，他能做出更好、更完美的东西。

天才就这样在追求完美的道路上不断地跋涉前行，一天又一天，一年又一年，直到头发花白、老眼昏花，他也没能做出理想中最完美的作品。

后来，年老体衰的天才死了，离开人世的时候，他的房间空空如也，连一件作品甚至一个字也没有留下。

逝者如斯，春去秋来，只剩下一个关于少年天才的传说作为反面教材，从此断断续续地嬉笑于民间。

一代天才就这样湮没在历史的滚滚洪流中，无人知晓。

第四辑

当悲伤开出微笑的花儿

世界上有这样一些人，他们把自己的痛苦化作他人的幸福，他们挥泪埋葬了自己在尘世间的希望，希望却变成了种子，长出鲜花和香膏，为孤苦伶仃的苦命人医治创伤。时间是疗养悲伤的良药。有些人可能在悲痛中迷失生活的航标，一蹶不振；有的人则可以从痛苦的泥淖中走出来，擦干眼泪，化悲痛为力量，让悲伤开出微笑的花儿。

怀念那座叫卢旺达的饭店

　　1994年4月7日，卢旺达国内硝烟弥漫。一场只有在殖民战争时期才会出现的部族大屠杀在女人和孩子的哭喊声中悄然拉开。一个是胡图族，一个是图西族，同样的肤色，同样的语言，却化解不开政权斗争中的是非恩怨。当杀红眼的武装分子们挥着屠刀对手无寸铁的民众展开血腥杀戮时，他们的表情是那样麻木和冷酷。在死亡面前，图西族无论男人、女人，老人、小孩，实现了真正意义上的"一视同仁"，在枪炮声中，一排排倒下的尸体令活着的人感到一阵阵恐惧和心寒。

　　当广播中到处宣传播放着种族灭绝政策的口号时，一个名叫保罗·卢斯赛伯吉纳的胡图族人站了出来。他本是一个经营饭店的生意人，有欧洲政客的国际合作背景，有当地军事政要的庇护，对于战争和屠杀，他完全可以置身事外。即便是他图西族的妻子和亲戚，他也有足够的能力去保护。但是，当周围的图西族朋友、邻居及一些孤苦无助的难民纷纷涌到饭店寻求保护时，他有点儿疲于招架了。毕竟，在当时的政局中，庇护图西族人就意味着对胡图族人的背叛，就意味着随时可能被当作叛徒处死。面对那一双双渴求的眼睛，保罗实在太为难了。他一边小心地打点着各方关系，一边思虑着应对之策。

　　一千多个人同时涌进一个饭店肯定会引起胡图族军方注意的，很快，军方给他下了很直白的通牒，除了他的家人，他必须把所有躲在饭店的图西族人交出来，否则军方将不顾一切大开杀戒。当一个国家陷入屠杀的血色疯狂时，那些平日里到处宣扬人道、和平、尊严理念的西方媒体突然出现了一致的沉默，美国派来的维和部队更因为被杀的是黑人而放手不管。保罗经常和西方人打交道，平日里耳濡目染，接触到了不少人道主义、和平之类的理念，但是西方人只是说说而已，他却把它当作一种信念牢牢记住了！

没有外来援助，有的只是一连串的恐吓和威胁，还有随时可能到来的被捕甚至杀身之祸，就连饭店投资方都劝他把饭店暂时关闭，先明哲保身再说。但他没有听从。坐在汽车里，望着那些堆满道路的尸体，听着那些被美国士兵遗弃的人绝望的哭喊声，他的眼睛湿润了。他的心中油然而生一种巨大的责任感和使命感，他发誓要保护好这些挣扎在生死边缘的同胞，或者说只是同类，哪怕献出自己乃至全家人的生命。

上帝闭上了双眼，他却敞开了怀抱。为了帮助在饭店避难的人们拿到可以安全出国的通行证，保罗把自己的存款、珠宝、汽车等所有值钱的东西都奉献了出来。为了保护避难者安全撤离，他的妻子和孩子差点儿被愤怒的武装分子用刺刀捅死。为了坚守心中的那个信念，他的尊严遭到无数次践踏。在硝烟弥漫的枪炮声中，他用自己的金钱和智慧让饭店变成了一座充满希望的绿洲。最终，在他的保护下，有1268名图西族和胡图族难民幸免于难。但是，血的教训我们也不要忘记：在1994年4月到7月的一百余天里，阳光普照的卢旺达共有91万人被屠杀，其中90%以上是图西族人，9.5万名儿童在大屠杀中成了孤儿。

尽管那场屠杀早已结束，但辽阔的非洲大陆依旧战火不断。已经定居比利时的保罗·卢斯赛伯吉纳经常会对着遥远的天际怅然若失，因为，那里有他的家乡。

历史从来不会忘记真正的英雄。2004年，根据保罗·卢斯赛伯吉纳真实故事改编的电影《卢旺达饭店》一经上映，便引起世界轰动，并获得2005年奥斯卡三项提名。许多政客都对当年的不作为纷纷表示忏悔，并表示一定不会让悲剧重演。

生　路

　　寒冷的北极也有温暖如春的季节。每年的七八月份，当我们正处于水深火热的酷夏时，北极地区的冰雪开始大规模融化，气温逐渐回升，出现短暂的绿草如茵的丰美景象。但随着气温的升高，大量的蚊虫也随之肆虐。由于当地物种稀少，饥饿难耐的昆虫们便飞到人类聚居的地方，吸食人类血液以维持来之不易的生命。

　　许多初到这个地方的游客都会注意到这样一个现象：当地的印第安人对这些嗡嗡乱叫的蚊虫十分仁慈，从不轻易伤害它们。即使被叮咬，也只是涂些药水了事。一次，一个游客从背包里掏出一瓶杀虫剂，但还没有喷洒，便被一个印第安老人制止了。老人说，虽然这些虫子很烦人，但你却不知道，它们以后还要帮我们一个大忙呢。

　　原来，驯鹿是当地人过冬的主要肉质食物来源。可天气暖和的时候，大批驯鹿便会自发成群结队地向低纬度地区迁移，因为那里有大量的水草。如果没有人赶，它们是不愿意在严寒到来之前准时回来的，靠人力驱赶的作用也是微乎其微。于是，平日里特别烦人的蚊虫的巨大威力便显示了出来。因为天气一冷，这些蚊虫便会飞向暖和的低纬度地区逃命，自然就会与驯鹿不期而遇。吸食血液的蚊虫是驯鹿无法抵御的天敌。抵御不了

蚊虫的进攻，又无处躲藏，前方的气候又不适宜生存，于是驯鹿只能往回跑，这一跑就钻进了印第安人事先已经设好的包围圈里。

聪明的印第安人正是掌握了自然界的规律，才能在忍受一时痛苦中获得长久的食物保障和生存保障。

印第安人用他们的行动为我们讲述了这样一个简单而又充满智慧的道理——不要把眼前一时的得失挂在心上，长远的考虑才是智慧者的生存之道。当我们放别人一条生路时，你自己也会受益。

尊重一本书

在希腊的一个小镇上，一位捡垃圾的老人在整理收购的废品时，无意中发现了一本破旧不堪的书。书的封面已经被撕烂了，但从扉页上还可以看出这本书的名字——《理想国》，作者是柏拉图。老人并没有把这本书随意丢进废纸堆里，也没有把它归到报刊一类，而是把它挑出来，然后，找出糨糊，把书本破损的页面一一黏好，并且，还剪了一张牛皮纸给书做封面。接着，他洗了洗手，找出一支粗笔，很诚挚地在书的封面上写出书的名字和作者。可能是长时间没有握笔的缘故吧，他的手有些发颤，一连换了四张封面他才写出满意的字来。最终，他把一张完好无损、价值5美元的牛皮纸全都浪费在了这本破旧的书上，并且足足浪费了两个小时的时间。看着老人的举动，我十分不解，就好奇地问他，为这样一本书花费这么多的时间和精力，值得吗？老人却郑重地看着我说，并不是所有的东西都是能用金钱来衡量的。这本书虽然表面很旧，但里面的内容却是一笔宝贵的精神财富，值得我们永远珍惜和呵护。

老人的话，让我惊叹不已，感慨万千。

每一本好书都是对历史、对智慧的沉淀和提炼，更是对人生经验的总结。对一本书的尊重，体现的是对一种文化的尊重，对人类文明的膜拜。

优秀的文化成果是不分国界的，它是需要我们整个人类传承的精神瑰宝。对待它们的态度，折射着这个民族整体的文化素质和文明程度。一勺心灵鸡汤可以让一个内心干涸的灵魂得到充实和滋润，一段高亢的序曲足以让一个悲观绝望的落魄者看到希望和梦想，而一种崇尚知识、尊重文明的态度却可以为一个团体、一个民族乃至一个国家构筑一个丰满的精神家园，让生活在那里的人们可以尽情地释放心灵，实现内在精神状态和外在世界和谐统一，从而自在畅游。也许，这正是我们眼下所迫切需要的。

千金之患

古时候，有个名叫参工的人十分擅长射箭，他不仅能做到百发百中，而且还有百步穿杨的真功夫，看过他射箭的人都称他是神射手。皇帝听说了，便派人把他召到了金殿上，告诉他："如果你能在朕面前做到百发百中，朕就赏赐你一千金，封你做大将军。"参工领命。但是，到了射箭的时候，他却脸色发白，拉弓的手也没了平常的利落，一直哆嗦个不停，一连射了数箭，竟无一命中箭靶。皇帝有些奇怪："听说参工的箭法十分了得，今日他的表现为何如此差劲？"旁边的宰相起身答道："参工射箭屡次不中，并不意味着他虚有其名，主要是因为他太惦记您赏给他的千金了，他要是能以一颗平常心来对待，是不会出现这种情形的。"皇帝听了，恍然大悟。

其实，在我们的现实生活中，不管是为了生活还是学习，或是为了工作，我们都会在无意之中扮演神射手的角色，尽管有时我们丝毫觉察不到。如果你足够细心，你肯定会发现，在每次大型运动会或者国际比赛中，都会涌现出不少惹人眼球的"黑马"，而一些老将却意外落马，与奖牌失之交臂。究其原因，除了天灾人祸的因素的影响外，无一不是因为这些老将太看重马上就要到手的奖牌和荣誉，导致一些低级错误和

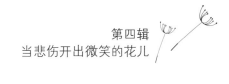

失误的出现。反之，那些新手却因为没有思想包袱，因而能超常发挥并最终登上了领奖台。

事实上，当我们做一件事的时候，事情成功与否，不仅仅取决于我们的处事能力，更与我们所持的心态有关。有时，我们能力发挥失常，并不是因为我们用心不够，反而是由于我们用心过度，就像故事中的神射手过分担忧千金一样。之所以会出现这种情况，是因为当事情的利害超出我们的承受能力时，我们便会不由自主地失去从容，忘记了"非淡泊无以明志，非宁静无以致远"的人生真谛，最终因对千金的过分担忧而显得拘谨和沉重，以致酿成我们不愿看到的结局。

剧作家萧伯纳说，世上有两种悲哀的事，一种是没有得到你想要的东西，一种是得到了你想要的东西。这句话的意思就是劝诫人们控制自己的欲望，因为得到和占有都会让人感到不适。失去的痛苦滋味自然不必提，得到你所追求的东西也会让你在不知不觉间丧失很多，其中可能包括亲情、爱情、友情甚至你无暇顾及的路边美丽的风景。因此也可以这么说：得到和占有都是一个逐渐丧失的过程。你得到的越多，失去的也越多。这样说也许有些偏激，但仔细品味品味，这其中还是有一定道理的。在日常的生活和工作中，保持一颗平常心，从容地面对生活中的风浪和挑战，洒脱地走过人生长路，这难道不是一种现代人向往的境界吗。

心中有座桥

宋朝时，在一座松柏环绕的深山古刹里，住着德高望重的修远大师和他的徒弟们。

一日，大师把大徒弟叫到跟前，将一封书信交给他，并叮嘱道："把此信件送与山外四十里处马姓人家，越快越好。"

"好的，师父，我这就去办。"大徒弟答应一声便接信上路。大徒弟是个体格健壮之人，身高腿长，行路速度自然比常人快，半月工夫便回来交差了。信函被及时送到对方手里，修远大师自然十分欢喜，他当着众徒弟的面把大徒弟美美地表扬了一番，并顺便把另外一件要事也交给大徒弟去办。大徒弟下山没多久，修远大师突然觉得上次送给马姓人家的信函写得有些仓促，遂重新拟定了一封，准备重新送过去。只是大徒弟现在不在身边，无奈之下，修远大师只好把信函交给了一直跟随在自己身边的小徒弟。小徒弟一向听话，接信后便立即上路。大师望着小徒弟远去的背影，心里暗自琢磨，山高路陡，再加上小徒弟弱不禁风的身板，这一来一回估计至少要一个月的光景。然而，出乎大师意料的是，刚过十日，小徒弟便面带喜色回到寺里向师父交差。

行路速度慢的竟然比行路速度快的花费的时间还少，修远大师惊奇之余甚为不解。于是，当大徒弟从外面回来之后，他将两个徒弟叫到跟前，一一问其行路过程。原来，从山中古刹到山外马姓人家的途中，要经过一条大河，而在两个徒弟下山送信的那段时间，正是河水泛滥的季节，原本架在河中央的木桥早已被洪水淹没而不见了踪影。为了过河送信，完成师父嘱托的任务，两个徒弟都分别在河面相对较窄之处搭建了一座浮桥。不同的是，大徒弟过完河之后，便把桥拆掉了。而小徒弟却没有这样做，他到了河对岸之后，不仅没有拆桥，反而在对岸将桥的另一端又加固了一番，以方便后来者渡河。于是，当两个徒弟分别送完信回来之时，结局便有些不同：大徒弟需要重新花费时日搭建浮桥，而小徒弟则只需踏着原来的浮桥安心渡河便是。

听了两个徒弟的讲述之后，修远大师恍然大悟："原来如此，原来如此呀！"后来，修远大师抽空又到那条河旁边实地观看了一番。他惊奇地发现，小徒弟搭建的那座浮桥在经过后来者的逐步修葺之后更加稳固，而大徒弟搭建浮桥的地方依然空空如也，即使有人从那里渡河，也必是学前人模样过完河之后便把浮桥拆除。

修远大师唏嘘道："桥者，道也，公者，反是私也。身后之途亦是眼前之路，这一拆一留间，却照出了心性的宽窄，分出了境界的高下，人言其腿脚有别，我却道境界各异哉。如此修行，岂有不成佛之理乎！"

果然不出修远大师所料，数年后，心性善良的小徒弟果然在众师兄弟间脱颖而出，成为有名的一代高僧。

身死佛生

一个强盗在作案时，不小心中了村人的埋伏，逃跑未遂被活捉。

强盗平日里罪行累累，十恶不赦，众人一致决定将其处死。恰此时，一得道禅师从此经过。禅师慈悲为怀，观强盗之面相，发觉其有佛门慧根，遂费尽口舌，于众人手中救下强盗。谁知，得救后的强盗竟恩将仇报，抢刀威逼禅师，并将禅师的金钵夺走。众人皆笑禅师愚昧，费尽心思救下的竟是一条中山狼！

禅师淡然曰："蝼蚁且偷生，更何况人乎？随他去吧。"

过三日，强盗率众来犯，众人皆慌，四散藏匿之。

禅师坦然行至强盗马前，劝曰："苦海无边，回头是岸，放下屠刀，立地成佛！"

强盗仰天大笑曰："同恶人论佛道，与对牛弹琴何异乎？"见禅师手中所持禅杖乃黑金锻造，欲夺之。禅师拱手相送，望强盗远遁之背影，叹曰："非是执迷不悟，乃是时辰未到也。欲满之日，将是醒悟之时，阿弥陀佛！"

一妇人笑曰："化缘之金钵、尚佛之禅杖今皆失，禅师之谓可去矣！"

禅师答曰："心在，佛亦在，其他皆为身外之物。无所得，无所失，本来无一物，何处惹尘埃，无谓也。"

又几日，强盗再来犯，指名要寻禅师之下落。禅师面无惧色，立于众人之前，复劝之。强盗晃刀骂曰："和尚不怕死乎？速离去，否则，将杀之！"禅师念佛号曰："吾不下地狱，谁下地狱，身死佛生，何惧哉！"

强盗挥刀劈去，禅师并无躲闪，血溅当场，强盗与众人皆大惊。禅师身死之前，望强盗淡然曰："身死佛生，汝成佛之日不远矣！"

众人为禅师理后事，立碑纪念。此后强盗竟绝滋扰之事，村人大喜之。

过数年，一出家僧人途经此处，在禅师墓前怅思良久。

有好事者近观之，发觉僧人似曾相识，细观之，竟是数年前那个强盗的面容。

回头看一看

　　从前，在一处山清水秀、环境幽雅的湖边，隐居着一位德高望重的禅师。禅师广结良缘，普度众生，用深入浅出的话语释疑生活，让许多为尘世生活所扰的人都放下了包袱，明白了生命的真谛。

　　这天傍晚，禅师在湖边散步的时候，发现有个人跳进了湖中。原来是有人自杀！禅师忙喊徒弟下水救人。等把自杀者救上岸之后，禅师才从自杀者的哭诉中明白了事情的经过。原来，这个自杀的人曾经是个富翁，但由于投资决策失误，一夜之间变成了穷光蛋，他实在经受不住如此打击，于是就来到湖边寻了短见。

　　虽然禅师和徒弟救了自己，但自杀未遂的富翁却毫不领情，他一把鼻涕一把泪地埋怨："你们救我干什么！荣华富贵、金银财宝都离我而去了，我现在一无所有，还不如死了痛快些。"

　　禅师让徒弟给富翁倒了杯水，等他的情绪稳定下来之后，问他："没有成为富翁之前，你过的是什么样的生活？"

　　富翁答："日出而作日落而息，三餐足衣食安，很平淡的生活。"

　　禅师问："那时候你有过自杀的念头吗？"

　　富翁想了想，摇头说："没有。"

禅师继续问："你是什么时候成为富翁的？"

富翁抹着眼泪答："五年前，我投资了一个买卖，发了大财，然后，就成了腰缠万贯的大富翁。"

禅师笑了笑，说："那你就不必再寻短见了。"

富翁惊奇地问："为什么？"

禅师淡淡道："菩提本无树，明镜亦非台。本来无一物，何处惹尘埃。绕了这么大一个圈，其实，你什么也没失去呀，你只是回到了五年前的生活状态。"

富翁听了禅师的话，怅思良久，恍然大悟，赶忙跪下磕头感谢禅师指点迷津。此后，虽然历经生活波折，富翁再无自寻短见之念。

心理学家认为，幸福的真谛就是拿得起放得下，太过于执着的生活本就是一种病态的人生。其实，生活正是如此，无论身处多么艰难的处境，历尽多少坎坷的挫折，都不必把未来的人生之途设想成毫无光亮的深渊。有时候，不妨把生活的得与失看得淡然一点儿，回头看一看，看看生命的原点，你就会明白，其实得就是失，失就是得，得与失只是一念之间的事，正所谓：命由己造，相由心生，世间万物皆是化相，心不动，万物皆不动，心不变，万物皆不变。

当悲伤开出微笑的花儿

　　利兰·斯坦福先生是19世纪美国西部的铁路大王。在担任中央太平洋铁路公司总裁期间，他曾经主持修建过美国西海岸的大铁路。这条铁路的修建，对美国西部地区的迅速崛起有着巨大的推动作用。直到现在，人们对他还念念不忘。当然，原因并不仅仅在于此。

　　斯坦福先生曾经有个儿子，自幼聪明伶俐，深得斯坦福夫妇的宠爱。儿子16岁那年，顺利从中学毕业。由于当时美国的西部还很落后，没有大学，斯坦福先生打算把儿子送到东部地区的一所著名学府深造。在美国，16岁就意味着是一个成人了。出远门到千里之外的地方独立生活，更是衡量一个人能力的标志之一。尽管还有些不放心，但在儿子的苦苦哀求下，斯坦福先生还是说服妻子，同意了儿子独自出去求学的请求。但没想到的是，这一去竟然成了诀别。在离开家还不到一个月的时间，意外发生了，儿子得了一种急性传染病，不治身亡！

　　斯坦福先生听到这个消息后，顿感五雷轰顶，悲痛无比，当即带着妻子赶往儿子的弥留之地。但毕竟是几千里的路程，那时还没有出现航空运输，再加上是夏天，尸体不迅速处理是很麻烦的。因此，当他们赶到时，他儿子已经在当地牧师的帮助下，入土为安了。连儿子的最后一面都没有

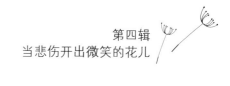

见到，斯坦福夫妇的头发在一夜之间白了许多。

《汤姆叔叔的小屋》中有这样一段话："世界上有这样一些幸福的人，他们把自己的痛苦化作他人的幸福，他们挥泪埋葬了自己在尘世间的希望，希望却变成了种子，长出鲜花和香膏，为孤苦伶仃的苦命人医治创伤。"时间是治疗悲伤的良药。有些人可能在悲痛中迷失生活的航标，一蹶不振；但是，也有的人可以从痛苦的泥淖中走出来，擦干眼泪，化悲痛为力量，让悲伤开出微笑的花儿。显然，斯坦福先生属于后者。

为了纪念儿子，更为了不让悲剧重演，他捐出自己平生所有的积蓄2500万美元，以及拥有所有权的牧场和土地，在美国西部创办了西部地区的第一所大学。这所大学是以斯坦福先生的家族命名的，名叫"斯坦福大学"。

给他人一个追随你的理由

博尔特是个很有体育天赋的孩子。从小到大,他都喜欢参加体育比赛。特别是在百米短跑方面,更是卓越不凡。每一次比赛,他都是名列前茅。16岁那年,他在市里组织的一场比赛中,以绝对的优势拿下了冠军。

小小年纪便有如此骄人的成绩,他自然成了老师们经常赞扬的对象和周围同学们眼中的体育明星。在成功光环的笼罩下,涉世未深的他有些飘飘然,他突然觉得自己是这样的伟大和了不起,而周围的那些同学又是那样的渺小和不堪一击。和他们在一起,简直是降低自己的品位和档次。有了这样的想法后,他把自己放在了一个高不可攀的位置,对曾经的朋友和同学的态度也有些傲慢起来,有时见面了连个招呼也懒得打。渐渐地,同学们也发现了他的变化,以前运动场上那些铁哥们儿也都一个一个地疏远了他。

于是,再也没有人陪他一起晨跑了,再也没有人为他喊加油了,即使他再次站在了冠军领奖台上,也没有一个人过来献花或是和他拥抱。看着冷清的体育场,博尔特感到前所未有的失落。爸爸很快就发现了儿子的这一变化。一次看电视的时候,父亲指着电视的画面说:"你知道狮子王的周围为什么会有那么多的跟随者吗?""因为跟着狮子王会有安全感。"

博尔特毫不犹豫地答道。"这是一方面的原因，更重要的是，那些小动物知道，狮子王不会欺负它们，更不会瞧不起它们。饥饿的时候，狮子王宁肯饿着肚子也不打搅它们；得到食物的时候，狮子王也会分一些给他身旁的跟随者。无论何时，狮子王都会平等对待周围的小动物，即使自己头上戴着百兽之王的桂冠。与此同时，狮子王之所以能成为万兽之王，正是由于周围动物的支持和爱戴，没有了周围的那些跟随者，没人会把孤零零的它看作狮子王。"博尔特听了，若有所悟地点点头，不好意思地说："爸爸，我明白你的意思了。"

第二天，博尔特便主动找朋友们一一道歉，希望他们能原谅自己曾经的无知和孩子气。很快地，他便又融入到了昔日友好的氛围中。尽管依然像从前那样和好朋友们挨肩搭背，依然和同学们在一起说笑聊天，但这一点儿也没有降低博尔特的地位和身份，反而让他体育明星的名号更加响亮和耀眼了。他成了大家心目中真正的体育明星。

几年后，经过刻苦的训练和不懈的努力，博尔特开始踏出国门参加世界级的比赛，并且凭借着闪电般的速度，打破了一个又一个世界纪录。在2008年北京奥运会上，他用实力证明：自己便是世界上跑得最快的那个人。

成功后的博尔特仍和过去一样平易近人，他一下赛场就和迎接他的教练和队友们亲热地拥抱，只要有粉丝找他签名，他就会满足对方的要求。在一次签名会现场，他的胳膊累得都有些麻木了，但为了不让粉丝失望，他还是坚持了下来。他说："正是由于大家的支持，我才走到了今天，他们每一个小小的要求，都是对我最大的鼓舞和尊重。这样做可能会累了点儿，但这算不了什么。因为要想跑得更快、跑得更远，就要像勇敢而又和善的狮子王一样，首先给他人一个追随你的理由！"

每个人都有一双心灵的眼睛

　　刚搬了新家，对周围的一切都不熟悉。居住了一段时间后，生活逐渐稳定了下来。这时，我才知道，我家隔壁的邻居是一位盲人。邻居眼睛的失明是一年前的车祸造成的。在那次车祸中，他的妻子因受伤过重离他而去，留下一个5岁左右的女儿与他相依为命。对他们来说，生活的艰难是可想而知的。因此，周围的邻居们在日常的生活中，都会尽量帮助他们。但令人奇怪的是，对于邻居们的好意，盲人邻居总是面带感激地拒绝了。

　　一天，我下楼办事的时候，刚好碰到盲人邻居送女儿去幼儿园回来，正扶着楼梯的护栏摸索着向上爬。看他走得艰难，我便主动提出要帮他。他笑着摆了摆手道："谢谢了，您忙您的吧，我能行。""可一个人走太危险了。"我不解地说。"没关系的，我小心着呢。"邻居一边说，一边继续往楼上爬，同时，对跟在他身后的我说："我明白大家的好意。但是对你们的帮助，我不能一味地接受。你想想，帮得了一时还能帮得了一世？以后的路还长着呢，只有我自己把路走熟了、走稳当了，即使以后你们这些好心人不在我的身边，我也能生存下去。""可您什么都看不见，这多难呀。""呵呵，"邻居轻轻一笑道，"不，我能看见。因为我是在用我的心看这个世界的，心亮了，眼睛自然也就亮了。""心也能看见世界？"我有些好奇。"是的，其实，每个人都有一双心灵的眼睛，只是很多人都没有发现，也不愿意睁开。"邻居深有感触地说道。

邻居的一席话，让我的心头猛地一震。多么富有哲理的人生体验呀。关心我，就不要轻易地帮助我，就让我在黎明到来之前的黑夜里睁开心灵的眼睛，自食其力，然后寻找生命的崭新航程。看着他蹒跚的背影，我暗自感叹，也许，邻居是对的。

邻居是个信念十分坚定的人。我不知道，在他逐步适应眼前没有光亮的生活过程中，摔了多少跟头，吃了多少苦，但在半年后，当看到他像平常人一样来去自如地上下楼梯时，看着他阳光照射下平静的脸，我真的被感动了。

美丽的错误

　　一个北风凛冽的冬天，天空不时地飘扬着晶莹的雪花。一个衣衫单薄的年轻人来到镇上的邮局，他从口袋里掏出四张汇款单，递给了邮局的工作人员。为他办理业务的是一个面容憔悴的中年女子。

　　刚进门的时候，年轻人就注意到了这个女士。年轻人是个文学青年，他来这里就是取稿费的，凭借着文人特有的敏感，他从女士脸上的表情仿佛猜测到了一些什么，也许，她是遇到了什么不顺心的事情吧。尽管有些疑问，但他并没有发问，而是静静地站在柜台的窗口旁，等待着女业务员把稿费事宜办好。四张稿费单中，一张是400美元的，两张是100美元的，还有一张是30美元的，总共是630美元，在家的时候，年轻人就已经把账单算好了。另外，他把这笔钱的用途也盘算好了，就是买一台打字机，自己原来的那一台已经破得不能再用了，不过，一台新的打字机需要700美元，生活本来就十分贫寒的年轻人还有些舍不得。这时，女业务员已经把钱递出来了。年轻人接过来，随手翻了一下，便把钱揣进了口袋里，然后，转身往回走去。

　　年轻人的家离镇上有20多里的路程，雪下得太大了，他走了两个多小时才回到家里。当把衣服换好从口袋里把稿费掏出来的时候，年轻人傻眼了，业务员竟然给了他710美元！他不相信自己的眼睛，于是，又数了一遍。不错，确实是710美元。无缘无故竟然多出了80美元，年轻人愣住了。想了好半天，他想明白了，可能是那个女业务员一时疏忽多给了他这笔钱。"心神不定的女人是多么容易出错呀。"回想着女人当时的神情，他不由感叹道。我该怎么处理这些钱呢？他知道，现在是经济萧条时期，邮局里的工作人员的工资都是不高的，如果在工作中出错，不仅要扣发奖金，业务员还要弥补损失，如果自己不吭声把这80美元据为己有，自己的打字机虽然有着落了，但那个女人就惨了。犹豫了一下，年轻人开始穿那件表面已经结冰的皮衣，他觉得自己应该把钱送回去。

雪越下越大，路更加难走。年轻人一步一滑地在冰天雪地里跋涉前行。当他再次来到邮局的时候，已经是下午时分了。但年轻人似乎已经忘记了饥饿和寒冷，他只有一个信念和目标，就是把钱送回到邮局，然后悄悄地告诉女业务员事情的经过，让她不再担心和顾虑。当他把来意小声告诉女业务员之后，女业务员也大吃一惊，她忙找出上午的账单，仔细核对起来。反复核对了三遍之后，面容一直沉重的女业务员露出了久违的微笑，然后把80美元又还给了年轻人。

"女士，难道没出现错误吗？"

"是的，先生。"女业务员说，"你看，这是一张480美元的汇票，不是400美元，那个数字是个'8'，不是'0'。"

年轻人接过来仔细一看，果然如此。竟然是自己看错了！年轻人忙连连道歉说："对不起，女士，是我错了，给您添麻烦了。"

"不，你没有错，是天气的错，你看外面的雪，下得不是很大吗？"女业务员幽默地说，"不过，即使真的错了，你也没有必要还回来呀。"女业务员看着面前穿着破旧的年轻人，话锋一转，好奇地说。

"不，我不喜欢把自己的幸福建立在别人的痛苦之上。如果那样的话，我会良心不安的。"年轻人说着，微微向女业务员点了一下头以示道

别，然后，转身走出了邮局，他感觉自己的肚子已经很饿了。

女业务员和邮局里其他的工作人员都目送着逐渐远去的年轻人，然后，倍感稀奇地谈论着这件事情。而那个女业务员则悄悄地记下了这个让她不再感觉到寒冷的年轻人的名字——亨利。

几十年之后，亨利成了世界一流的大作家，他写的书每次都在排行榜上畅销数周。在一家电视台专门为他制作的访谈节目中，那个曾经在邮局工作的女业务员满怀深情地回忆起了那件往事，她很诚恳地说："那天的事情确实是一个美丽的错误。当那个年轻人转身离开邮局的那一刻起，我就开始为他祈祷。我虽然没有看过他写的文章，但我知道，这个有着悲天悯人情怀的年轻人一定会有所作为的，他一定会成为一名优秀的大作家。现在，他成功了，他真的成功了！"

平和是福

最早到达非洲的人曾经以为，未开化的非洲人是快乐的。但是，人们一直没有找到确切的证据来证明这点。现代医学深入研究后发现，非洲人的快乐源自他们的天性。不论是在瘟疫盛行的远古，或是在饥荒连年的今天，他们都会坦然地面对，以一份平常的心态去迎接一切灾难。在他们看来，当灾难降临时，不论你怎样惧怕，都是无法躲避的。与其悲观地生存在阴影中，不如尽情地在有限的时间里静下心来，寻找到未来的出路。著名的美国学者霍华德·马凯尔也在其畅销书《瘟疫的故事》中指出："当埃博拉病毒在全球肆虐时，非洲人表现出超脱尘世的顺从，手忙脚乱的反而是那些西方人。"

人生多磨难，坎坷何其多。没有一帆风顺的航程，更没有一马平川的人生。人活一世，遇到一些困难是在所难免的。但不管困难有多大，前面的路有多难走，我们都可以像那些在灾难面前保持镇定的非洲人那样，选择保持平和的心态。心宽了，脚下的路自然也就平了。也许，我们没有勇气选择乐观，但却可以接受平和，选择用一颗淡然的心来观察世界，把握人生。

拥有平和，可以让我们忘记烦恼和忧愁，独坐黄昏，观秋水共长天一

色，赏落霞与孤鹜齐飞，闻泉水之甘澈，听竹林之清风。

拥有平和，可以让我们在惊涛骇浪跟前，面不更色，心静如水；在陡壁悬崖之间，从容不迫，果敢面对，然后找到柳暗花明的又一人生出口。

拥有了平和，就是拥有了一份无价的精神财富，拥有了一个美丽的人生。

平和是福。

对你残忍一点点

　　小时候，比我大三岁的哥哥很淘气，经常爬高蹿低，到处疯跑。同时，他还无视父亲的警告，私自跑到离家不远的水库里洗澡。终于，有一天出事了，并不熟悉水性的哥哥不知怎么滑进了深水区，脚一挨不着底，哥哥就慌了，大喊"救命"。父亲此刻就在离他不远的树林里乘凉，听到哥哥的呼声后，并不着急，而是不慌不忙地走到水库旁边，看着哥哥在水里面折腾。眼见着哥哥快支撑不住了，父亲这才一个猛子扎进去，然后把哥哥救出来。看着哥哥被水淹得脸色苍白的狼狈样子，母亲一个劲地埋怨："哪有你这样当爹的！眼看着儿子掉河里了，不马上救，还要看一会儿热闹。"父亲仍是不紧不慢地看看我，然后又看看哥哥，说道："我这样做就是让他吃点儿苦，牢牢地记住教训，不该做的事情永远都不要做。"父亲的话乍一听有些不近人情，但正因为他的不近人情，才使生性胆大的哥哥从此再也没有发生不经父亲允许就下水洗澡的情况，平安地度过了童年。而我，也在那次目睹了哥哥的惨象后，轻易不去接触那些看似安全，但实际上却危机四伏的水域。要知道，在我们那几个村子里，每年都会发生好多起小孩子因偷偷玩水而溺水的事故。

　　长大后，有了工作，就远离了农村。但每逢过节或者假期，我们兄

弟几个都会回家看望二老。孩子回家看望父母，按常理说，父亲应该很热情地盛情款待才对，但父亲的做法却很特别。他招待我们的方法是叫我们到田里干活，如拔草、锄地之类的农活。不管是天寒地冻还是艳阳高照，他对待我们就如同对待地道的庄稼汉一样。这让过惯了养尊处优生活的我们很不习惯。有时，看到我们几个汗流浃背、东倒西歪的样子，母亲心疼得不行，就骂父亲："你这个老头子，孩子们好不容易回家一次，你还忍心让他们干这样的粗活，真是脑子有毛病。"父亲嘿嘿一笑，还是摆出小时候给我们讲道理时的表情，说道："我这样做就是要他们吃点苦，让他们牢牢记住自己的身份，时刻都不要忘本，不要以为长大了、当官了，就脱离劳动了。记住，不论何时，只有亲手劳动结出的果实吃起来才最有味道。也只有流过汗、吃过苦才知道什么叫艰辛，什么叫生活，人活着也才有个劲头。"

母亲听不懂父亲话中的深刻含义，但我们做儿子的却深深地体会出了父亲的良苦用心。父亲看似残忍的要求，却让我们在不经意间明白了许多做人处世的道理，懂得了怎样去珍惜眼前来之不易的生活。父亲是个没有念过多少书的人，但他却用这种特殊的方式告诉了我们一个简单而又质朴的道理：对你残忍一点点，才能让你在生活的河流中，把握好方向，然后，向前向前再向前。

鲁迅先生的人格魅力

曾因翻译美国名著《飘》而扬名的傅东华先生讲过这么一个故事。

那还是20世纪30年代的事情。那时，他是大型进步杂志《文学》的主编，包括鲁迅、茅盾、郁达夫、陈望道、胡愈之、郑振铎等文学泰斗在内的许多作家都给他写稿，特别是鲁迅先生更是支持他的这本杂志，先生写的许多著名文章都是首发于他的杂志。1933年7月上旬，被称为"哈莱姆文艺复兴的中心人物"的美国黑人作家兰斯顿·休士，访问莫斯科后来到上海，当时几家有名的文学社团联合举办了一个欢迎宴会招待休士。傅东华是宴会的发起人之一，他理所当然地就把鲁迅列在了被邀请参加宴会的名单之中。但由于名单不是他亲手去做的，而是由一个手下人代劳，并且这个手下人根本就没有给鲁迅先生发去请柬，所以鲁迅先生最终因不知此事而未出席宴会。傅东华不解其中缘由，情绪激动之下，写了一篇名为《休士在中国》的文章，文章开头点出鲁迅的名字，对鲁迅无端虚构事迹加以奚落嘲讽，说鲁迅没有出席招待休士的座谈会，是看不起不是"名流"的黑种人休士……并发表在自己主办的杂志上，造成了很恶劣的社会影响。尽管最后误会查清，鲁迅先生也答应继续给他的杂志写稿，如《病后杂谈》《病后余谈》等这样好的文章，但他始终认为鲁迅先生因此事以

及两人思想上的差距而不肯彻底原谅他。

他自知和鲁迅先生之间有嫌隙，关系不愉快，轻易也不怎么和他来往。一次，傅东华的儿子生了大病，请好几个医生都无法治愈，反而越来越重，他想来想去只有请日本医生来治疗了，但他和日本人素不相识，又不知道日本医生具体住在哪里，无奈之下，他只好硬着头皮去找先生帮忙。他本以为会吃闭门羹，或者起码也会受到先生的刁难，但没想到的是，先生知道了他的来意后，顾不得自己病重的身体，马上就给他写了一封介绍信。最终，他的儿子的病治好了，他本想去向先生表示谢意，但没想到的是，先生在没多久之后就去世了。这让他遗憾不已，羞愧不已，也感动不已。

一件小事反映出鲁迅先生光辉的精神魅力和崇高的人文品质。不因曾经有过罅隙而念念不忘，不对那些对自己做出不利或无耻之事的人耿耿于怀，甚至报复有加，这不仅是凡人和伟人的精神差别，更是伟人真正成为伟人的基本支撑点。先生的文章之所以历经岁月的洗涤不仅不褪色反而响彻后世，正是因为他把个人的纯洁性情和个人素质融入文章中的结果。试想，一个觉悟低、没素质的人，你能指望他写出有分量、有影响力的文章吗。

诗人臧克家说："有的人活着，他已经死了；有的死了，他还活着。"是的，死去的是肉体，而永恒的留存于世的却是这种像鲁迅先生一样在历史长河中熠熠放光的崇高精神。

心灵的颜色

在一次描述春天的作文课上，我向孩子们提出了一个问题："同学们，谁能告诉我春天是什么颜色的？"

问题刚提出来的时候，教室里静悄悄的，没有一个人吭声。但不一会儿，孩子们便接二连三地举起了小手。于是，我随便点了一个把手举得比较高的男生的名字。

"老师，我认为春天应该是绿色的，因为在春天，田野里的树木都长出了绿油油的叶子，地上的小草也穿上了绿色的衣服。"

"嗯，不错，这个答案不错。"我若有所思地说道。然后，我又接着提问了另外一个女生。她站起来，一字一顿地答道："老师，我觉得春天应该是粉红色的，因为春天来了，桃树就开出了粉红色的花朵，很漂亮。"

听了她的答案，我的心头猛地一震。我觉得这个答案太生动了，新鲜得令人意想不到。我不由自主地感叹道："很好，很好，你的回答太漂亮了！"

"老师，我知道！"

"老师，我也知道！"

孩子们像受到了启发似的，争先恐后地举起了手。随后，我又提问了好几个孩子，他们的答案五花八门，但细听都别有一番情趣。

"老师，春天是金黄色的，因为油菜花就是在春天开的。"

"老师，春天应该是蓝色的，因为春天的天空最蓝。"

"老师，春天是红色的……"

听着孩子们天真而富有想象力的回答，我忽然想起了评论家戈西甫对英国小说家托马斯·哈代悲观主义人生观的评价："要是哈代看见绿草如茵的原野，点缀着五颜六色的野花，那就好了。只是，他可看不到这一切，他眼中所见到的，只是田角的一堆牛粪。"

春天的颜色也就是心灵的颜色。是的，当你心中充满阳光时，你的世界一片光明，一片明媚；当你心里阴郁时，那么你的眼中全是连绵的冷雨。心灵的颜色决定你对外界事物的看法，而心灵的颜色又取决于一个人的人生态度、价值趋向及其内心的纯洁度。可惜的是，在成长的过程中，许多人都丧失了本性率直的东西，内心也因世俗尘埃的蒙蔽而不再无瑕。复杂的心境再也看不见你身旁到处洋溢着的风景。生活中不是缺少美，而是缺少发现美的心灵和眼睛。

其实，只要心灵简单一点儿、纯净一点儿，即使再冷的冬天也能觉察到明媚的温暖，再灰暗的天空也是一道五彩斑斓的绚丽风景！

把野花当成一种点缀

　　从前，有个人拥有一大片草地。每当春夏之交，绿油油的草坪就像给地上铺了一块绿色柔软的地毯，远远望去，漂亮极了。可惜的是，在草坪中还夹杂着一些不知名的野花。这个人用尽各种除草办法去对付，但那些野花还是生机勃勃地生长着。无可奈何之下，他只好写信求助于他一位在园艺所工作的朋友。他在信上详细列出了他已经用过的方法，在信尾他恳切地问道："我还可以用什么别的方法吗？"不久他的朋友回信道："亲爱的，我也没有什么好的办法，但我建议你学着去爱那些野花，毕竟它们也是一种点缀呀！"

　　的确，"人无完人，金无足赤"，在我们的生活中，十全十美、没有丝毫瑕疵的东西是不存在的，即使有，也只是存在于我们一厢情愿的幻想中。所以，对待我们身旁每一个事物，我们都不要像那个一心想把野花消除掉的人一样，过分吹毛求疵地去要求。况且，我们自身也有着这样那样的纰漏、这样那样的缺点，我们又何必去要求周围的一切都像我们想象中的那样如意呢。否则，我想，不仅不会产生好的结果，反而可能会出现我们不愿看到的结局。

　　生长于草坪中的野花是一种在碧绿丛中的点缀，就像地毯上的花纹，

蔚蓝天空上的白云。少了这些点缀，即使是用名贵布料做成的地毯，即使天空比海水还要蓝，也会显得有些单调而缺少活力。

我们的生活也是如此，每个人都有自己的优点和缺点，都有自己的性格和习惯，也正是由于这些属于各自的特点和习惯，我们的社会才显得五彩缤纷，丰富多彩。试想，一个社会里的人都有着相同的性格、相同的处世方法，那么这个社会会成什么样子呢？简直不可想象。

把那些不知名的野花当成一种点缀、一种异样的色彩吧。也许，只有这样，我们的生活才会变得更加美好、更加和谐，就像雨后挂在天空上的彩虹，五颜六色，精彩纷呈。

第五辑

爱比阳光更温暖

　　爱是双向的，它比阳光更温暖。当你把爱的温度传递给别人时，不仅能得到对方的尊重和感激，同时还能收获来自内心深处的温暖，这份人性的光华可以穿透一切阴霾和寒冷，普照大地。

爱比阳光更温暖

　　并不是所有的有钱人都愿意慷慨解囊，去帮助那些生活在水深火热中的穷人。年轻时的洛克菲勒先生就是这样的一个人。他从不轻易把自己的钱财拿出来，捐助给那些需要他帮助的慈善机构，哪怕是他万贯家财中的一小部分。

　　有一天，洛克菲勒正在办公室里办公，一个慈善机构的负责人玛丁修女找上门来，"亲爱的洛克菲勒先生，我们的福利院现在很难继续维持下去了，我和福利院所有的人都把希望寄托在了您的身上，请问，您愿意帮我们渡过这个难关吗？因为您是这里最有钱的人。"洛克菲勒有些为难地说："国内现在发生了经济危机，社会一片萧条，我们厂的产品的销量一直在下滑，厂里每天都在裁减工人。我们自己都快无法生存下去了，哪里有能力帮助你们呢？""是的，我知道，在这个世界上，每个人都是不容易的，可我们实在是坚持不下去了，许多孩子和老人都快被饿死了，他们需要帮助。"玛丁修女声音哽咽地说。

　　洛克菲勒先生觉得让修女两手空空地回去确实有些不近人情，但他又实在不愿意捐钱给福利院，正在这时，助手进来告诉他，公司将要发给职工的福利运回来了。洛克菲勒先生一听，眼睛不由得一亮。于是，他问修女："你想让我捐些什么呢？""什么都可以，爱心是不分大小多少的。"玛丁修女高兴地说，她似乎看到了希望。"那好吧，"洛克菲勒先生对修女说，"我捐给你们一袋花生吧，这可是我们从很远的地方运回来的，很珍贵的。"说着，洛克菲勒先生让助手取了一袋子花生送给了修女。"上帝会保佑你的，好心的洛克菲勒先生。"修女临走的时候感激地替洛克菲勒先生祈祷。

由于工作繁忙，洛克菲勒先生很快就忘掉了这件事。一年后的冬天，天气出奇的冷，洛克菲勒先生突然收到了许多封陌生人的来信。信是从这个城市的四面八方寄送过来的，内容略有差别，但大致意思都是相同的："尊敬的洛克菲勒先生，感谢您送给我们的圣诞礼物，在这个大雪飘飞的季节，您的礼物将会使我们不再感觉到寒冷。也许冬天还要持续一段时间，但我们已经觉察到阳光正在向我们靠近。愿上帝保佑您，好心的先生。"洛克菲勒先生读完信，有些糊涂了，他努力想了又想，也不曾记得何时给过这些人圣诞礼物。于是，他派助手去查明真相。

事情很快就清楚了，原来是玛丁修女以洛克菲勒先生的名义捐出了一大批越冬的食品。玛丁修女说："去年您送给我们的花生，我们回去后把它们全部种下了，现在获得了大丰收。于是，我们就把这些花生拿出来，和需要它们的人共同分享。为此大家都很感激您。""可这是你们的劳动果实呀，为什么要以我的名义捐出来呢？"洛克菲勒先生有些疑惑。"不，如果没有您慷慨地播下这爱的种子，怎么会有今天的丰收呢？再次感谢您的施舍。也希望您能原谅没有经过您的准许就擅自使用您的名义。"

洛克菲勒先生听了修女的话，心中突然涌起一种无法用言语表达的情愫。他完全没有想到他无意之间做的一件微不足道的小事竟然会给这么多的人带来欣喜和温暖。读着一封封朴实又真诚的来信，洛克菲勒先生被感动了。他忽然觉得，这个冬天其实并不是很冷。

经历过这件事之后，洛克菲勒先生明白了这样一个道理：爱是双向的，它比阳光更温暖。当你把爱的温度传递给别人时，自己不仅能得到对方的尊重和感激，同时还能收获来自内心深处的温暖，这份人性的光华可以穿透一切阴霾和寒冷，普照大地。

尽管经济依旧萧条，但洛克菲勒先生已经不再吝啬了，他捐赠出一大笔财富给慈善机构，他还经常施舍食物和衣服给路边的乞丐和穷人。虽然他已经不在意这些投资是否会带来物质上的回报，但人们都没有忘记他，他的事业更是取得了如日中天的辉煌，从而成就了一代"石油大王"的美誉。

人生不易，且行且珍惜

　　纷纷扬扬的雪终于不下了。天气干冷，夜色深沉。整个城市都是白茫茫的一片。

　　歌厅里面灯火辉煌，外面却是寂静无声。

　　他蹲在那里，观察了很久。当确定没有什么可疑的现象时，他站起身，假装很随意地走向歌厅门外的一辆轿车。走到轿车旁边，他没有急于动手，而是再次警惕地看了看周围，然后，手脚麻利地掏出工具干起活来。

　　轿车的顶部落了一层白白的雪花，下面的车窗都紧闭着，他看不见车里面到底有什么东西。但从经验可以判断得出，今天肯定会大有收获的，毕竟这是一辆高档轿车。他有自己的职业敏感。

　　报警器被拆除了，车门也被打开了。他谨慎地钻进去，微微笑了一下，便发动了轿车。轿车从容不迫地开出歌厅门口，然后，一掉头驶进了苍茫的夜幕中。他本想把车开到市郊，那里比较偏僻，接手的人也多，但行至半路时，轿车不知哪里出了毛病，竟然慢慢地自动停下了，任他怎么敲打也无济于事。他气得直咬牙但却无可奈何。犹豫了好久，他终于狠下心去，抓起车上放的笔记本和皮包，下车走人。对于他来说，什么时候安全都是最重要的。他是个很理智的人。

　　但临走时，他还是不舍地看了看后排。刹那间，他差点惊得叫出声

来，后排竟然坐着一个人！

　　他的汗水一下子就下来了。他瞪大眼睛看着，看着看着，他长出了一口气，悬着的心也放了下来。后排坐着的是个孩子，睡着了的孩子。尽管如此，他还是心有余悸，他拎起手边的"猎物"快速下车，然后，便像只受惊的兔子一样在人迹罕至的雪地上狂奔起来。但跑着跑着，他又停了下来。他突然想到一个问题，轿车密封的那么严，那个孩子会不会已经被憋死了呀！他掐手指算了算，在自己下手之前，孩子至少已经在车里待了四个小时了。我的天，这么长的时间，可能真的会因为缺氧窒息而死的，怎么做父母的，这么大意！想到这里，他惊出一身冷汗，顾不得再想别的，他扭头往回跑去。

　　车还在那里，只是仍无法启动。他把昏迷的孩子从车里拉出来，一边大口喘气，一边给孩子把脉。孩子的脉象很微弱，情况比他想象的还要严重，呼吸几乎已经停止了。这时，一辆轿车从远处驶了过来，他忙上前招手示意停车，但轿车丝毫没有停下来的意思，冷漠地开了过去。同样的情景，他的眼前不由地就浮现出自己儿子的面孔，"如果儿子还活着，今年也该有这么大了"。他决定不再等了，等也是白等，在天寒地冻的深夜里，谁会愿意停下车帮助一个陌生人呢。他抱起孩子，加速向医院方向跑去。

　　才下过雪，温度很低，路面已经结冰，滑溜溜的，没跑出几步，他便狠狠地摔了一跤，幸好孩子在怀里揽着没摔着。他怕伤了孩子，便换了个姿势把孩子背在背上，然后，继续向前跑去。

　　跑呀跑呀，也不知跑了多久，摔了多少个跟头，终于，他跑进了医院。等把孩子送进急救室之后，他两脚一软瘫坐在了楼梯的拐角处。这时，他才想起，自己已经一天没吃东西了。

　　由于抢救及时，孩子终于醒了过来。他伏在孩子的病床前，慈祥的像个父亲。孩子问他："叔叔，护士阿姨说，是你救了我，对吗？"他抚了抚孩子的小脸，想说些什么，但话到嘴边又咽了回去。正这时，病房的

门开了，两个警察以迅雷不及掩耳之势扑了进来，还没等他明白是怎么回事，一副锃亮的手铐已经拷在了他的手腕上。他想反抗，但一看到孩子正瞪大眼睛看着自己，便老实了。孩子的母亲这时也跑了进来，紧紧地搂住了孩子说："儿子，别怕，坏蛋已经被抓住了，你没事了。"

他冷冷地笑，然后被警察押出了病房。房门外，他听到孩子在说："妈妈，叔叔救了我，他怎么会是坏蛋呢。"他听着，心头一热，眼角竟然有些闪烁。五年了，这是他第一次流泪。

五年前，他的儿子出了车祸，为了挽救儿子的生命，他跪在路边，磕头求那些经过的轿车停下来送儿子去医院，但直到儿子咽气，他也没能拦下一辆车来。

后来，他便做了偷车贼。

驴子的懊悔

一头牛快要死了，它的朋友驴子来看它。

"伙计，你没事吧？"驴子趴在老牛的身边，关切地问。

"我快要死了，"老牛说，"我很伤心，我觉得这一生过得太不愉快了。"

"你耕了那么多的田地，为人类做出了那么大的贡献，受到人们的尊敬，你应该感到欣慰才对。"

"不是因为这个，我是说，这么多年，从来都没有人给我写信，我的信箱一直都是空的，没有人挂记着我，我很孤单，所以也很伤心，这一生活得太没有意思了。"

驴子听了，沉默了一会儿，然后说："老牛，我现在要回家办一件事情，马上就回来，你可要撑着呀。"

老牛眨了眨黯淡的眼睛，点点头答应了。

驴子是个热心肠，它迅速跑回家，找出纸笔，刷刷点点写了一封信，内容是这样的："亲爱的老牛，我很高兴，能有你这样一个忠实勤劳的朋友，你永远都是我的骄傲。一直牵挂你的驴子。"写完后，它便跑出门，刚好看到蜗牛从门前经过，于是，它把信交给蜗牛，请求它把信转交给老

牛。蜗牛很乐意地伸出触角，接过信上路了。驴子心想，也许老牛看到这封信后，知道有人在一直牵挂它，说不定会慢慢好起来的。

驴子把手头上的事情忙完后，已经是一个礼拜之后了。它放心不下老牛，于是，就又来看它。

可等它来到老牛的家时，它才知道，老牛已经在昨天死去了。听周围的邻居说，老牛死的时候，很悲伤，眼睛久久都没有合上，嘴里一个劲念叨："信，信。"

"我不是让蜗牛把信送来了吗？"驴子不解地问。

"你让蜗牛送信，就凭它那速度，估计还得半个月才能送过来。"山羊说。

驴子听了，很懊悔。

爱心是可贵的。但有的时候光有爱心是不行的，只有以恰当的方法让它实现，才能让别人感到温暖。

爱心是最高的学历

大学毕业后，我一直在为找工作而奔波不停。这天看到报纸上有一篇医院刊登的招聘信息，觉得上面介绍的工作的工资、福利待遇都不错，专业也对口，我精心准备了一番后，便前去应聘。

履行完必要的报名手续后，大约过了半个小时，我和其余40多名应聘者被安排在一个大房间里进行专业知识测试。虽然我是个专科生，学历低了点儿，但由于在学校期间一直很努力，专业知识学得很扎实，因此，笔试对我来说并没有多难。笔试结束后，主考官告诉我们，可以在一个星期后来查询自己的笔试成绩，届时将会对通过笔试的求职者进行面试。

一个星期后，我按照医院的要求，早早地来到了医院指定的地点。呵，有10多个人比我来得还要早呢。他们正焦急地等待着主考官发布消息。上午10点左右，一个领导模样的人从办公室里走出来，他大致讲了一下本次招聘的情况，然后，宣布了通过笔试的人员名单。录取比例大约为4∶1，一共有12名应聘者通过了笔试。比例虽然低了点儿，但谢天谢地，我也顺利地进入下一轮面试人员的名单。我按捺住激动不已的心情，深深地吸了口气，走进了面试的房间。这次进入面试的10多个人有好几个都是研究生学历，有一个还是名牌大学的博士生，差一点儿的也是本科毕业，

只有我是专科毕业，并且还是一所很普通的学校。形势不容乐观，我暗自在心里给自己打气，不管结果如何，只要努力了就没有白忙这么多天。

面试的主考官很严肃，提出的问题也很棘手，特别是针对我的专科学历，他问个没完，语气之中带着轻蔑的口吻。但凭借着机敏的反应和充分的准备，我很巧妙地回答出了他的问题，并且也特别自信自己的回答很有建设性。但当最终的结果宣布后，我傻眼了，我应聘落选了！

我一肚子郁闷，等在医院门外，准备要回自己交上的资料。落选的其他几名应聘者也没走，站在我身边骂骂咧咧的，好像对结果不满意，特别是对面试的那个主考官很不满。"那家伙真是个冷血人！"正在这时，一个负责人通知我们几个去拿自己的资料。我招呼其他落选的伙伴一道去。办公室只有那个冷血人在。他看到我们进来了，冷着脸说，让我们先在一边等着，他给我们找。但当他从座位上站起来，向他身后的柜子走去的时候，他的身体有些异常，晃了又晃，然后倒在了地上。我蹲下身看了看冷血人的脸色，又给他把了脉，他是癫痫病犯了，由于脑供血不足晕倒了！

"怎么办？"我扭头问其他的几个人。"管他干吗，你难道忘记他是怎么对待我们的？这样的人病了没人救，活该！"我一愣，随即说道："是的，刚才在面试的时候，他对我确实不怎么样，但这只说明他个人素质有问题。作为一名医生，救死扶伤是我们最大的职责，不管是谁，我们都应该去挽救他。"说着，我便俯身把他抱到了沙发上，然后去外面喊人抢救。他们冷冷笑了笑没理我，像怕惹麻烦一样陆续走出门去等着看热闹。

等把一切都处理好后，我正要离开，突然听到有人在身后喊我的名字。我扭头一看，竟然是冷血人！他正微笑地看着我。"你不是晕倒了吗？"我惊讶地张大了嘴巴。

"呵呵，我已经醒了，恭喜你，凭借着刚才的出色表现，你已经通过了我们最后的一道面试题。你被我们录用了。"

"你开玩笑吧，你不是嫌我的学历低吗？"我一脸的疑惑。

"不，学历并不代表一切，你的笔试成绩告诉我你的理论知识很丰富，而你刚才不计前嫌救我，说明你是一个有爱心的人，对于我们医生来说，文凭不算什么，爱心才是最高的学历！"

就这样，我被录用了。

春天的对面仍然是春天

春天来了，田野里一片勃勃生机，绿的叶，红的花，把世界装扮得五彩缤纷。院子里种的几棵桃树也不甘落后，争先恐后地抽枝发芽，然后开出一团团一簇簇粉红色的花朵，飘香满院，引得蜂蝶齐舞，浪漫四溢。

邻居们知道我家的桃花开了，纷纷走到我家的院子里观赏。有的邻居觉得景色不错，还拿出相机，在美丽的桃花跟前留影。刚开始的时候，我十分热情地招待每一位来看花的邻居，好花好景要众人观赏才有意思嘛！但没过几天，我就有些不耐烦了。特别是有时正忙着的时候突然有人敲门来了，这让我感到很不自在。于是，再次有邻居过来赏花照相时，我的态度明显的没有以前那样热情了。

这天，我正心急火燎地做午饭。突然，门外传来了笃笃的敲门声。我假装没听见，继续做饭。但敲门声仍旧没有停下来。无奈之下，我放下炊具，没好气地把门打开了。门外站着一个五六岁大的小女孩，正眨着水灵灵的大眼睛焦急地等待着，脖子上还挂着一个相机。我认识她，是对面邻居家的孩子。肯定是想来照相的！看是个孩子，我的脸色就有些阴沉，我冷冷地对她说："先回去吧，阿姨现在要做饭，你以后再来吧。"说着，便把门关上了。可没等我走到厨房，敲门声又来了。我的火气一下子上来

了。我冲到门口，气冲冲地把门打开，劈头盖脸地对仍旧站在门口的小女孩说："你这孩子怎么这样呢，难道没听到我刚才是怎么对你说的吗？"小女孩看了我一眼，仿佛做错了什么事情似的，委屈地说道："阿姨，我不是来给花照相的。今天我家院子种的花也开了，妈妈让我邀请您抽空去看看，很漂亮的。您看，阿姨，这是妈妈才买的数码相机，她还说等您到我们家的时候，还要我给您照相呢。"

听了孩子的话，我的心头猛然一震。原来，当你提供好处或者便利给别人时，人家也绝不是一味地接受，而是牢牢地记着你的好，即使嘴里不说，也会以不变的情怀始终怀着一颗感谢的心，等待着一个回报你的机会，然后，以"滴水之惠当涌泉相报"的热情告诉你，春天的对面仍然是春天，你的好，我一直没有忘记。

看着孩子一脸真诚，我满心羞愧。我把孩子领进屋子，诚恳地向她道歉。然后，和孩子一起在美丽的桃花丛中照了一张相。画面上，我搂着孩子，我们都露出了开心的笑容，一如身旁灿烂的花朵。我发觉，这是我所见过的最美丽、最真诚的笑。

竞争并不是唯一的生存方式

在一望无际的非洲大草原上，随处都可以见到成群结队的野牛。这些野牛虽然外表温和忠厚，但却是大草原上最凶猛的动物之一。发起威来，连号称百兽之王的狮子都不敢惹。但就在这样的一个优胜劣汰、适者生存的残酷环境下，一种名叫牛琼鸟的小鸟却凭借着和野牛的友好关系生存了下来。原来，他们以野牛身上的皮屑寄生虫为食物，在填饱自己肚子的同时，顺便也给野牛们梳理毛发，清洁身体，充当起了清洁工的角色。自然地，十分野蛮的野牛们也不会攻击和袭扰它们。其实，不光是牛琼鸟和野牛之间，即使是野牛和狮子这对天敌之间，也并不是时时都有竞争，处处都有厮杀。有时，即便是面对面相遇，他们也绝不会马上摆出一副非要拼个你死我活的架势。在电视上，我们经常可以看到，狮子和野牛各居一处，虽然近在咫尺，却相安无事的温馨画面。不到万不得已，它们是决不愿意进行这种可能两败俱伤的较量的。

竞争并不是唯一的生存方式。自然界的动物如此，其实，人也如此。在我们的生活中，不论眼前的条件如何严峻、如何艰难，我们都可以选择一种和谐友好的生活方式，和同事、朋友们进行交往并友好相处。古人云，"争则两败俱损，和则共赢天下"，讲的也正是这个道理。

老子也说："夫唯不争，故天下莫能与之争。"虽然这只是几千年前古人的一种生活态度，但放在今天也仍然是适用的。毕竟上帝对待每一个人都是公平的，不论是谁，都会给出很多不同的方式去生存，给出各异的人生命题去自由选择，而竞争却永远不是这个命题的唯一答案。

被遗忘的总是母亲

杰克是美国一家电台的节目主持人。他主持的一档晚间热线谈心节目《月光倾诉》，由于注重在平等友好的氛围中鼓励听众坦率地进行倾诉，帮助解决他们的心理问题，从而赢得了许多听众的喜爱。

这天晚上，节目开始没多久，就有一位老妇人打进了电话。"您好，"杰克很有礼貌地在电波这端向她打招呼，"请问，您有什么烦恼的事情吗？"

"其实，每个人都有自己的烦恼，你说，对吗？"对方在倾诉前，反问道。

杰克笑了一下，说："是的，夫人，不管你是总统，或者是一个普通人，都有自己的烦恼。不过，当你找到一个倾诉对象，把压抑在心里的情感说出来之后，你就会觉得轻松的。"

"对，你讲得很有道理，可是我的问题是没有人愿意与我一起分担生活中的喜怒哀乐，或许这就是我今晚打热线的主要原因。"

噢，原来是这样。杰克思虑了一下，然后道："夫人，冒昧地问一句，您的家中除了您难道没有其他的人吗？"

"不，虽然我的丈夫早就去世了，但我还有一个儿子。"

"他不孝顺吗？"杰克问。

"不，他是个很好的孩子，只是有些忙。"老妇人沉默良久后答道。

"再忙也应该关心一下家人嘛！现在有许多人都口头上说爱自己的父母，可连和母亲说一句话的时间都没有，失去后才知道珍惜，我真替他们悲哀呀。"杰克感叹道。

"你说得很有道理，不过孩子们也有自己的苦衷。比如我的孩子，每天都是深夜才回家。但我一点儿也不怪他，因为他的工作可以给好多人带去方便和快乐。我想，这已经足够了。"老母亲深有所悟地说。

"您真是一位宽容的母亲。请问您的儿子是做什么工作的？"杰克好奇地问。

"他在电台，"老妇人说，"如果可能的话，也许你还认识他。"

"他叫什么名字？"

"他叫杰克，"老妇人说，然后，叹口气道，"孩子，难道你连我的声音也听不出来了吗？"

"什么，妈妈！原来是您！"杰克顿时愣住了。

其实，在很多时候，被我们遗忘的总是母亲。

品德是一面镜子

1857年，当查尔斯教授准备把已经整理好的著作寄出去发表的时候，突然收到一位年轻学者寄来的一篇论文。教授打开一看，不禁大吃一惊，原来，年轻学者所写的论文与他的研究成果竟然惊人的一致。年轻学者在信中说，自己的研究成果是在经过数年的实地考察和研究后得出来的。之所以把它寄给教授，是因为他十分相信查尔斯教授的人品，希望教授能推荐发表出来，毕竟自己的名气太小了，学术界根本不会注意自己的研究。

突如其来的事情让查尔斯教授坐卧不安。这该怎么办呢？教授一边思考着，一边把自己已经装进信封里的著作放到了抽屉里。如果把年轻学者的成果公布出去，那么自己20多年辛勤劳作的成果就付之东流了。但如果把年轻学者的论文随手扔进垃圾篓，而只发表自己的研究，相信不会有一个人因此而责难他，他也完全可以编织一个合乎情理的理由说根本就没有收到年轻学者的来信，但教授的良好品行和优秀的学术品质又不允许他这样做。

经过反复的思考和斟酌之后，在朋友的建议下，最终，查尔斯教授找到了一个折中的办法，就是在同一本学术杂志上同时发表二人的研究成果。果然，论文发表后，他们崭新的观点立即在学术界以及整个社会产生

巨大的反响。茶余饭后，人们讨论的焦点都集中在了这两个人身上，一个是查尔斯·达尔文教授，另一个则就是那个年轻学者华莱士。

华莱士知道事情的真相后，深深为达尔文教授高尚的人格和公正谦逊的态度所感动。并且，即使是在几十年后，当达尔文教授去世的时候，他还牢牢地记着这段往事。在达尔文教授的追悼会上，他深情地说："达尔文教授不仅有着极高的科学素养，他的高尚品质同样值得我们尊敬和学习。"

歌德说："品德是一面镜子，每个人都在里面显现出来。"其实，伟人的不平凡之处并不完全在于他在专业领域所取得的成就，更在于他在为人处世等方面所表现出来的品行和态度。我们尊崇伟人，是因为他们的劳动造福了人类社会；我们赞扬伟人，是由于他们高洁的品质感动着我们的心田，震撼着我们的灵魂。罗曼·罗兰曾经说："在历史长河中，优秀的品行比辉煌的事业更持久。"当我们用今人的眼光去审视科学伟人达尔文的生命历程时，也许我们会更加清晰地看到和明白，事实正是如此。因为，有些人因品质而更显伟大！

相信爱，相信未来

他是个心地良善的人。

小时候家里穷，他吃了不少苦。也许是因为经历了太多苦难，因此他对于别人在困境中给予的帮助始终记忆深刻，念念不忘。后来，他成了一个有钱人，拥有了千万家产。于是，他就抱着一种回馈社会的感情去帮助那些穷人。不管是在精神上还是在物质上，面对别人的求助，他都是慷慨解囊，毫不犹豫。他会把刚买的商品不假思索地送给那些路边乞讨的穷人，让他们在寒冬里感受到暖意，也会真心实意地帮助上门的求助者走出生活的迷雾和情感的沼泽。

知道他心肠软，一些别有用心的人就利用各种机会骗他。知道真相后，他没有生气，但他的妻子却发火了："怎么样，又被骗了吧，如果再被骗几次，也成穷光蛋了，看你以后还好心不好心了！"他微笑着劝妻子说："虽然我们被欺骗了，但我们不能因为个别的人就放弃了其他那些真正需要我们的人呀。"妻子不理解他的话，骂他缺心眼，是个大傻瓜。但他却没有理会这些，仍旧进行着自己的爱心接力。虽然在以后的日子里，他又上过好几次当，但他始终没有放弃过帮助别人。他相信，有爱的世界才会温暖，有阳光的人生才是最有意义的人生。这个被

妻子戏称为"傻子"的人就是美国报业巨头约瑟夫·普利策。

现在,以普利策的名字命名的"普利策新闻奖"被视为一个全球性奖项。

诗人说:"只要有一双忠实的眼睛与我一同哭泣,就值得我为生命而受苦。"相信世界有爱,相信爱的巨大力量,不因一棵不开花的树而拒绝整个春天,不因受过一次欺骗而收拾起自己的善心,从而以一种怀疑的态度看待他人,冷漠地对待这个世界。这是约瑟夫·普利策的伟大之处,更是他的高尚人格在经过长期的历史洗涤中依旧散发迷人芳香的根本所在。

二十六次鼓励

十七岁那年，他铸下了人生中的第一个大错——因为兄弟义气，他把对方打成了重伤。他本是有机会逃走的，但还没等他把行李收拾好，警察便将他家的小院团团包围。他哪里会是警察的对手，没几个来回，冰凉的手铐便拷在了他的手腕上。他努力让自己像电影中的那些人物一样镇定自如，可发软的双脚却早已不听使唤，他几乎是被警察拖出院子的。

警车就停在村口的马路上，远远地他看到了一个熟悉的身影，正是他的父亲。他蹲在村口的老树下，默默地抽着他的旱烟，仿佛身后发生的一切都与他无关，直到他被带上警车，他的父亲也没有回头看他一眼。直到这时，他才猛然意识到，在自己被抓的过程中，他唯一的亲人——他的父亲一直没有露面，哪怕是一句话也没有说。父亲格外平静的神态让他恍然大悟，一定是父亲举报了他！恼羞成怒的他突然发了疯一般地跳下警车，冲这个头发已经有些斑白的老人扑来："为什么，为什么，我恨你，我恨你！"

果然是父亲举报了他。

父亲的举报符合从轻处罚的规定，让他被少判了两年的刑期。但他毕竟是重罪，在监狱里，他待了整整十年。十年，他已从一个毛头小子变成一个稳健壮实的青年。从他被带上警车的那一刻起，他和父亲的关系便形同水火，势不两立。他恨那个老头，尽管他自小便没了母亲，是这个老头一手把他带大，尽管这个老头曾经省吃俭用供他念书为他筹划未来，可惜，他没法原谅父亲。仇恨的种子一旦在心里埋下，便很难再结出甜蜜的果实。他觉得这个头发斑白的老头根本不配做自己的父亲！他不想回家，更不愿见那个老头。从监狱里出来后，他在朋友的帮助下，在外面租了一个小房子，然后，便开始了自己的奋斗历程。那个老头托人打听到了他的消息，想要见他一面，却被他冰冷地拒绝了：是他把自己送进了监狱，两人之间的血缘亲情早就在警车开动的那一刻断绝！自己这辈子都不需要他！

他开始和那些稚气未脱的大学毕业生一起，在招聘会上穿梭寻觅。只是，每次都令他失望不已。一个曾经劣迹斑斑的人要想被社会接受，其中的难度可想而知。不过，每一次被拒绝之后，他总会接到对方打来的鼓励电话："我们没有录用你并不代表你不够优秀，只是说明你不适合这份工作。我相信，你一定能找到一份适合自己的工作。"类似的话语总是让他燃起重生的希望，然后，精神抖擞地投入到下一场没有硝烟的战争中去。

功夫不负有心人，当他第二十七次投出简历的时候，他终于得到了一份工作，虽然待遇一般，但他已万分珍惜，格外卖力。

七年后，周围的人们早已记不清他早年落魄不堪的模样，只知道他是一家大型公司的副总。

在这七年里，他身边也发生了不少事，曾经和他一起打架的那几个同伙纷纷落网，加上这些年他们在外逃亡过程中犯下的案子，判的刑比他曾经受到的惩罚重得多，这辈子几乎都没有机会了。他有些后怕，有些庆幸，脑海里竟然闪现出那个让他一直耿耿于怀的老头的影子。

闲暇时，他想起了奋斗时的艰辛，想起了经历过的坎坷岁月，他更加珍惜那些曾经给予他信心和温暖的人，哪怕只是只言片语也依旧令他永生难忘。于是，他找出那些珍藏的电话号码，一一打回去，告诉他们自己现在的处境。弄明白是怎么一回事之后，对方总会恍然大悟道："噢，原来是你呀，我记起来了，我是不是还专门打电话鼓励过你呢？"

"难道你就只鼓励过我吗？"他不解地问。

"当然了，那么多的求职者，我哪有那么多的时间和精力一一回电话呀。"对方毫不隐讳道。

"那你为啥要鼓励我呢？"他纳闷地问道。

"你还不知道吗？当你投完简历离开我们公司的时候，有一个自称是你父亲的老头儿便找到我，恳求我无论如何都一定要给你回个电话，鼓励你几句，他说你是个外表坚强但内心脆弱的人，怕你受不住一连串的打击发生意外。我看他说得那么诚恳，几乎就要给我跪下了，就答应了。"

真相在时隔七年之后被层层揭开，那张抻在他和父亲之间的巨网一点点儿地收缩变小，那颗被仇恨冰封的心四散瓦解……

他连夜赶回了老家。

在父亲的坟前，他像个不谙世事的孩子一样放声大哭。

三年前，他的父亲便离开了人世，他狠着心硬是没有回去看最后一眼。现在他终于明白了，可惜，却没有了机会。

有些爱，可以温暖一世

每个晴朗无风的黄昏，在中学门口的街道上，都会出现一个摆旧书摊的老人。老人六十多岁，双鬓斑白，两眼却炯炯有神。他的书摊不大，卖的都是一些旧报书刊和回收的教材资料之类。价格也不贵，一块、两块、三块的都有，最贵的也不超过十块。来书摊买书看书的顾客大部分都是学生，而且是衣着朴素的穷学生。

老人不图这个谋生，主要是为了打发时间。老人以前是个乡村教师，退休后被儿子接到城里来享福，可他是个闲不住的人，闲得无聊就摆起了这个旧书摊，一来打发了时间，二来也满足了自己爱看书的习惯。

附近饭店和网吧里的学生越来越多，老人的书摊却越来越冷清，摆一晚也不一定能卖出个十块八块钱的。天气逐渐转冷，老人却依旧坚持着，不到九点从来不会提前收摊。

其实，喜欢看书的也就那么几个人，老人记得最清梦的，是一个衣着朴素、长相清秀的女孩。女孩应该是中学里的学生吧，自从发现了老人的书摊之后，就经常过来挑书、看书，偶尔也会买上一本。但她买的都是一块钱之类的旧杂志，那些她看了半天的书却从来不买，因为那些书都是五块钱以上的。老人看出了女孩这个狡黠而又可爱的伎俩，却从不拆穿。

这天晚上，天空突然飘起了雪花，两个正在看书的人急急忙忙地离开了。那个女孩正聚精会神地看一本书，丝毫没有觉察。老人看女孩读得认真，便不忍心打扰，只是静静地欣赏夜色下晶莹飘落的雪花。虽然下雪了，却不冷，老人和女孩都没有感觉到寒意。

也不知道看了多久，女孩的思绪终于从书中走了出来，发觉下雪了，她急忙招呼老人赶紧把书摊收起来，书本被雪水浸湿就不太好了。

老人笑着说："好，好，不急不急。"

直到此时，女孩才觉察书摊上就她一个人，她更加觉得不好意思了，于是，就留下来帮老人收拾书本，收拾的时候，她拿着刚才看的一本书，问："爷爷，这本书有下册吗？"

老人接过去看了看，说："家里的仓库还有不少书，应该有吧。"

"太好了！"女孩高兴地从口袋里掏出十元钱，递给老人，"爷爷，我先预定可以吗？"

"预定？"

"这本上册是五块钱吧，我先把这本书买走，等您找到了下册，我再过来拿，钱先给您。"女孩说着，把一张皱巴巴的钞票递到老人的面前。

老人有些犹豫，不知道该不该收下这钱，女孩却直接把钱塞到了老人的手里，调皮地笑道："您回去一定要帮我好好找找哦，我太喜欢这套书了。"

老人望着女孩纯洁而又认真的表情，点点头答应了："好，那我找找，尽量给你把这套书凑齐。"

女孩一听老人答应了，更加高兴，蹲下身，开心地帮老人收拾起书摊来。

这场雪一下就是半个多月。天气彻底放晴已经是一个月之后。尽管凉气刺骨，街道上的积雪还未融化殆尽，老人还是在那条熟悉的街道支起了自己的旧书摊。然而，那个女孩却始终没有露面。

也许是女孩最近学习比较忙，过两天就会过来取书吧。老人心里想。

可是，直到第二年的春天，老人还是没有见到那个女孩。他有些心急，便找到了学校的学生处，然后，便见到了我。我告诉他，那个女孩叫杨晓燕，是我们高二年级的学生。我还告诉他，杨晓燕已经退学了。

"为什么要退学？"老人有些吃惊。

"她家里的经济条件不太好，母亲早就去世了，父亲在工地干活因为事故成了残疾人，还有弟弟妹妹，所以，她退学和村里人一起外出打工了。"

"哦。"老人的表情有些失望，嘴里嘟囔道，"可惜了，真是可惜了。"

"我劝过她，学校也表示可以给她提供一些帮助，可杨晓燕是个孝顺顾家的孩子，她不愿为了自己的前途而让家人生活艰难。"

"穷人的孩子早当家，确实是个懂事的孩子呀。"老人临走之前，执意将那本书的下册留了下来，他说这本书是杨晓燕已经预定好了的，他不能食言，让我有机会一定要转交给杨晓燕。

我替杨晓燕收下了这本书，翻了翻，发现这本书竟然是一本新书！我有些吃惊地望着老人远去的背影，话到嘴边却终于没有说出来。

然后，我抽时间将书寄给了远在南方的杨晓燕。杨晓燕却一直没有回信。

三年后，我收到一个快递，竟然是杨晓燕寄来的！

里面是几张杨晓燕站在一所名牌大学门口的照片，杨晓燕依旧和以前一样清瘦娟秀，只是微笑的目光里充满了成熟和自信。杨晓燕还给我写了一封短信，告诉我她已经是这所大学里的学生，现在除了上学读书还兼职做了好几份工作，生活艰辛却充满阳光。她还充满感激地提到了老人的那本书，她说那是她的生命之书，每当遇到困难的时候，都会拿出来看，鼓励自己绝不能辜负那些温暖而又善良的目光。信的末了，她还恳请我转送一张照片给那位卖书的老人，只是不知道那位老人是否还记得她。

老人当然还记得，因为此时此刻，他就坐在我的对面。望着杨晓燕的照片，我们谈了很久。我突然想起了三年前的那个问题，但终究没有问出来。

我想，杨晓燕是一定知道答案的吧。

快乐的琴弦

　　爱因斯坦除了在物理学方面有深厚的造诣外，在音乐方面也显得很有天赋。他一生酷爱音乐，从6岁开始就正式学习拉小提琴。7岁生日那年，母亲送给他一把漂亮的小提琴当作生日礼物，他拿着爱不释手，后来，即使成了名扬世界的大科学家，他也一直保存着这把珍贵的乐器。不过，爱因斯坦并不是天生就喜欢音乐的，由于好奇和新鲜他开始学琴，可时间久了之后，连续机械重复的弓法和指法练习，对爱因斯坦来说，根本不是心灵的享受，而是对身体的一种折磨。无休止的练习使他感到特别枯燥和厌烦，还一度有过放弃练习拉琴的念头。后来，一个偶然的机会，他遇到了一个音乐家。音乐家并没有直接教他枯燥乏味的有关乐器和乐理的知识，而是给他讲了音乐的内涵和真谛，特别是许多关于音乐和音乐家的典故和逸事。音乐家还说："机械的练习对音乐和人都是一种伤害，只有在理解的基础上才能更好地学习音乐，才能在享受美的同时丰富自己的人生。"

　　音乐家的话让爱因斯坦茅塞顿开。于是，他就按照音乐家说的方法去做，果然，当他真正体会到了莫扎特等音乐大师的作品中所饱含的感情时，他才真正迸发出了练琴的兴趣和热情，并把这一爱好一直保留到生命

的最后一刻。

　　罗曼•罗兰说："如果你爱你的生活，你就是它的主人；如果你恨它，它就会是你的主人。"其实，世界上并没有难事和易事之分，只有用心和不用心的差别。当你把事情本身看作一件有意义并且值得去做的事情时，你一定不会感觉到疲倦和乏味，特别是当你自己完全融入其中的时候，你肯定能在放飞心情的同时，享受到外人无法体会到的愉悦和安逸，然后，在快乐的琴弦上拉出美妙动听的音符。

美国的猴子要下山

一次，我找朋友办事，刚进门就听到他在骂8岁的孩子。我一问才知道，原来是他的儿子把家里的收音机拆散了。虽然他的孩子在这方面很有天赋，动手能力特别强，并在他的责骂声中把收音机又组合在了一起，但他却依旧不依不饶，一再警告儿子以后不许再动这件物品了。我不由想起了美国加利福尼亚州发行过的一本儿童读物，其中有一篇童话和我们讲给孩子们听的那则《小猴子下山》十分类似。不过，人家的题目不叫《小猴子下山》，而是叫《吉狒的一天》。

吉狒是一只从森林深处走出来的大猩猩，它对外界的一切都很好奇。一路上它见到了苹果、西瓜、花生等新奇的东西，和中国的那只小猴子一样，它也是见一样看一样，结果走了一路、看了一路却什么也没有得到，空着手下山了。

虽然故事大致相同，但二者的出发点却是大相径庭。中国的那只小猴子告诉孩子们这样一个道理：人不能太贪心了，欲望越大失望就越大。而美国的那只猴子却在结尾处道出了这样一个道理：虽然吉狒什么也没有得到，但是它见到了许多自己以前只闻其名不见其形的东西，增长了见识，开阔了眼界。另外，由于它没有在乎那些本来可以得到的东西，没有负担

和累赘，所以可以继续以快乐的心情上路。

一只是来自中国的猴子，一只是来自美国的猴子，同样都是下山，同样都是两手空空，但收获却不同，结局也迥然各异。因为中国的猴子是悲观的，当它两手空空地走到山脚下时，他后悔自己不该见异思迁，胃口那么大。而美国的猴子则是脚步轻快、哼着小曲的。虽然一无所获，但他的心态却是积极的，它认为物质上有所失，但精神和思想方面却得到了很大的提升。

正如西方的谚语所说："当上帝关上你面前的门时，他会悄悄地在旁边为你打开一扇窗。"两只来自不同文化背景的猴子，鲜明地折射出东西方文化的差异和教育理念的偏颇。每一种文化都有着自己的特点和发展轨迹，生活在不同文化氛围中的人们自然也就会有着不同的文化习惯。虽然我们不能因为两只下山的猴子就粗略地分辨出东西方教育方法孰优孰劣，更不能断言别人就比我们高一截或者低一头，但当我们在教育子女的时候，是否应该采取拿来主义的精神，汲取对方的优点改善自身的不足？我想，答案是不言自明的。我们只有全方位考虑这个问题，才是对孩子最负责任的做法，这也是我们每一个做家长的在教育子女的过程中迫切需要注意的问题。

第六辑

一根火柴，也可以温暖整个冬天

在这个世界上，路是陌生的，一张张擦肩而过的面孔也是陌生的，但洋溢着爱的心灵却是互通的。一颗懂得感恩的心就像一团燃烧在冬日里的火，可以让整个世界都充满幸福和诗情画意。没有无法穿越的黑暗，更没有永远等不到的春天。也许，当我们用心去爱这个世界，爱这个世界中的每一个人，去感恩，去点燃那一盏盏穿越黑暗的灯笼时，我们就向温暖的阳光靠近了一点点，向美好的幸福靠近了一点点。

成就爱因斯坦的幕后英雄

1909年夏季，瑞士的一所著名的高等学府要公开招聘一名副教授。前来应聘的人很多，最后经过筛选，剩下了两个人，其中一个是个贫困潦倒的学者，虽然有学问，却屡屡不得志，另一个叫弗里德里希·阿德勒。阿德勒本来就是这所大学的讲师，虽然他很普通，但他的父亲很了不起。他的父亲是奥地利社会党的领导人，知名度很高，在国内有十分广阔的人脉关系，在国外也有大量的追随者。因此，让阿德勒顺理成章成为候选人是众望所归的。但了解了一些竞争对手的情况后，正直而善良的阿德勒急忙制止了校方的做法。他不仅主动放弃了这次竞选，反而建议学校立即聘用另一名学者。他说："如果我们学校不用这样的人才，反而任用我，那将是荒谬的。我在物理学领域的造诣简直不能与他相提并论。"看阿德勒的态度十分坚决，校方也就不再勉强。两天后，校方便把副教授的聘书发给了那名学者。

学者有了稳定的工作后，继续自己的研究。几年后，他提出了一个震惊世界的理论——相对论。

他就是著名的大科学家爱因斯坦。

也许，阿德勒的帮助与爱因斯坦后来的成功没有必然的联系，但我们起码可以想象得到，对于当时身处困境的爱因斯坦来说，这件事或多或少地使他在科学的探索道路上少走了许多弯路，在几年的时间里便登上了科学的巅峰。爱因斯坦是伟大的，因为他创立了相对论，把物理学的发展开拓到了一个新的高度，造福了人类社会；而阿德勒同样也是伟大的，尽管他在科学上没有太大的成就，但他的名字一样在历史的星空中熠熠发光。

爱心创可贴

　　爸爸妈妈都上班了，家里只剩下小女孩一个人。她是个喜欢学习的孩子，于是，就掏出书本认真地看起书来。

　　不知过了多长时间，她突然听到门口有轻微的响动，接着，她家的门突然开了。

　　从外面闯进来一个陌生的男人。陌生人本来是踩过点的，知道这家的人都上班去了，没想到里面还有一个小孩子！

　　看到小女孩的一瞬间，他大吃一惊，脸色也变得煞人的苍白。但当他发现屋内就只有她一个人时，他紧悬着的心又放下了。同时，一个罪恶的念头油然而生。他把门关上，然后一边往怀里摸刀，一边向女孩走去。他知道只要他手起刀落，这个女孩是不会成为他此次行动的障碍的。但还没等他把刀掏出来，女孩说话了。她仰着小脸，关切地说："叔叔，你的手流血了。"他忙低下头，看了看手，确实，左手的食指因为刚才撬门时不小心被划了一个大口子，鲜红的血正往外冒。

　　"疼吗，叔叔？"女孩眨着水灵灵的大眼睛问，同时，她站起身，走上前去摸了摸陌生人的手，然后说："叔叔，别怕，我家有创可贴，我帮你包扎一下。"

　　"你别动！"他怕女孩突然会跑了似的，低声威胁道，但他没有动手。

　　女孩没有意识到身旁存在的巨大危险，似乎没听到他的话似的，并没有理会他，而是径自走到书柜旁边，从抽屉里找出一些日常的医药用品，然后，让他坐下，像个护士一样细心地给他包扎起伤口来。他没有阻止，他本想趁女孩低头给他包扎的时候下手，但他的右手在怀里摸了好几次，终于什么也没有掏出来。被孩子的小手握着，一种久违的情感从内心深处涌了出来，他感觉很温暖。

　　终于，包扎完了，还没等他说什么话，孩子又嘱咐他："叔叔，你洗脸的时候一定要小心，不要让伤口里面进水，否则会像妈妈说的那样发炎的。"

　　"知道了。"他对女孩点点头，轻声说。

　　"叔叔，你是爸爸的朋友吗？你以前很少到我家吧，我有点儿记不起你了。"女孩又问。他顿时语塞，不知该如何回答。"爸爸一会儿就下班了，你看会儿电视吧，我家的电视能收好多频道呢。"女孩说着就要开电视。

　　他忙摆手，随之站起身来。"我还有急事，不能再等了，我得走了。"说着他便快步往外走，走到门口的时候，他回过头对女孩说："你是个好孩子。"说完，头也不回地下了楼，消失在茫茫的人海中。

　　女孩站在门口看了半天，也没想起爸爸有这样一个朋友。她感到很纳闷，也很奇怪。

　　其实，她不知道，刚才的那个叔叔是个人见人怕的杀人犯，她更不知道，她刚才所做的一切，不仅拯救了那个叔叔的灵魂，也挽救了自己。

最昂贵的硬币

　　一个母亲领着才7岁的儿子去商场买东西，回来的路上，刚好经过一个向希望工程捐款的现场。母亲本不想过去，因为她口袋中的钱已经所剩无几，仅够母子二人的车费。但好奇的儿子非要过去瞧个清楚。为了不让孩子感到失望，在他幼小的心灵里留下冷漠的种子，母亲只好拉着儿子的小手来到了募捐箱的旁边。

　　"小朋友，你也要向希望工程捐款吗？"一个负责捐款活动的阿姨微笑着问他。

　　儿子没有直接回答，而是把头扭向了母亲，"妈妈，咱们也捐一些钱，好吗？"

　　妈妈有些难为情，她蹲下身，用手抚摩着儿子的小脑瓜说道："孩子，咱们身上带的钱已经不多了，下次再捐好吗？"

　　"咱们不是还有买车票的钱吗？"儿子问。

　　"可那是咱们要坐车用的呀！如果捐了，咱们回家就只能走着回去了。"

　　儿子低下头沉思了一下，明亮的眼睛看着面前展板上的图画，然后，恳求母亲："妈妈，你把钱捐了吧，咱们走着回去好了。你看，那些失学的小朋友都哭了，他们肯定是饿了。"

"但你一会儿可不许喊累哦！"妈妈无奈地向儿子声明。

"行，我一定不喊累。"儿子很认真地说。

母亲似乎被儿子的善良感动了，她慈爱地看了看儿子，然后，把身上仅有的两枚硬币掏了出来。

负责捐款活动的那位阿姨把这两枚亮晶晶的硬币托在掌心，拉着孩子的小手深情地说："这虽然只是两枚普通的硬币，但它们代表了两颗火红的爱心，具有最昂贵的价值。我相信，这是那些山区失学儿童最需要的，也是最应该珍惜的东西——因为这是世界上最珍贵的礼物！"

一瓶水的重量

那是一所学校的教学楼施工现场，一群民工在工头的指挥下，搅灰拌沙，搬砖垒墙，忙得不亦乐乎。宿舍楼旁边是个操场，一群身着迷彩服的大一新生正在那里接受军训。已是9月的天气，但依旧酷热难耐，那些站在太阳底下的学生们和民工们，都热得汗流浃背。

每天上午10点钟左右的时候，总会有两三个高年级的学生抬着开水箱送来开水，当然，这些水是送给参加军训的教官和学生们喝的，民工们可享受不到这种待遇。不过，渴急了的时候，也会有大胆的民工拿着水杯到开水箱前接水。学生们并不吝啬，看有民工拿着空杯子过来，不仅亲切地和他们打招呼，还教他们怎么使用开水箱接水。对于那些没有带杯子的民工，学生们还会拿出一次性纸杯给他们用。民工们都是些憨厚朴实的黑脸汉子，他们不会说什么客套话，只会憨厚地冲学生们笑笑，或者操着浓重的地方口音说声"谢谢"。

在所有的民工当中，有一个年岁稍大的老人，他的两鬓已经斑白，黝黑的脸上刻满了岁月留下的道道皱纹，远远看去，至少有60岁的年纪。老人的体力很好，干的活儿和那些正值壮年的汉子一样没什么区别。虽然周围的人都尽量照顾他，不让他干太重的活儿，但工地上哪里有轻松的活。

在火辣辣的阳光的炙烤下，老人后背上的衣服每天都会结出一层汗水浸透又风干后的盐痕。

周围的民工听老人讲过，他的老伴已经过世了，他曾经有一个女儿，但自从女儿7岁那年被人贩子拐跑之后，就再也没有了她的音信。老人还说，老伴还活着的时候，他们曾经找遍了大半个中国，也没有找到女儿的下落，老伴就是因为长年累月沉浸在失去闺女的悲痛里而过早地离开了人世。

老人的话让周围的民工们听得唏嘘不已，最后反而是老人劝慰他们："反正已经找了这么多年，不论闺女还在不在这个世上，我想，她都不会怪罪我和她娘的，我和她娘已经尽力了。再说了，这么多年过去了，即便找到了，闺女还会和我们相认吗？也许，她现在的生活比跟着我和她娘强多了呢。"老人虽然说得开朗，但每次讲到这里，都是热泪盈眶，看得人一阵阵心酸。

老人第一次到操场上倒水的时候，水箱里已经没有水了。帮他接水的那个女孩使劲拧那个水龙头，但就是流不出水来。女孩无奈地摇了摇开水箱，然后，抱歉地把杯子递还给老人，说："对不起，里面已经没有水了。"

"没事，没了就没了。"老人接过杯子，尴尬地笑笑，然后，拿着依旧空着的杯子，准备离去。

"你等一下，我这里还有一点儿。"女孩突然在身后叫住了他。

老人转过身，不知所措地看着那个扎着羊角辫的女孩。

女孩从随身背的挎包里掏出一瓶矿泉水，微笑着递给老人："你喝这个吧，我来的时候带的，还没开过口呢。"

老人连忙摇头，他摆着手说："不，不用，我不渴了。"

"怎么会不渴呢？这么热的天，你拿着吧。"女孩说着，便把矿泉水塞到了老人粗糙的手里，"喝吧，我一会儿就回宿舍了，喝水方便。"

　　老人握着晶莹剔透的矿泉水瓶子，嘴唇颤抖着，哆嗦了半天，才说出一句话来："谢谢。"

　　老人后来再也没有去操场那边接过水。很多时候，他总会忙里偷闲往开水箱那边瞄几眼，看一看那个扎着羊角辫的女孩。他想，如果自己的闺女没丢，也应该有这么大了。老人这么想着的时候，满是沟壑的脸便一点点儿舒展开来。

　　那个教学楼工程快要完工的时候，已经是初冬微寒的季节。不知什么原因，老人突然从脚手架上摔了下来。送到医院的时候，他已经奄奄一息了，但他始终睁着眼睛。一个熟悉他的民工突然会意，忙从他住的工棚里取来一瓶矿泉水，他这才安详地闭上了眼睛。

　　矿泉水是那个女孩送给他的，那天，他就喝了那么一小口，剩下的他就再也没有舍得喝过。

　　再后来，那个扎羊角辫的女孩莫名其妙地收到了一张汇款单，一共是3000元整。附言栏里只有两个字：父亲。

鸽子，快跑

周末的上午，天气很好。我陪儿子到中心广场去玩。中心广场离我家没多远，没几步就到了。但儿子非要骑着他的儿童车，我拗不过他，便同意了，就当是让他锻炼身体吧。

由于才下过雪，天气刚刚放晴，平时热闹繁华的广场上人并不多，偶尔有几个人经过，但马上就又转到别的地方了。

除了路旁的花坛里还有雪之外，水泥地上的雪早就化了，儿子骑着车，仿佛有使不完的劲头，沿着花坛边上的小道猛冲。我怕他出意外，紧紧跟在他身后。骑着骑着，儿子突然喊起来："鸽子，快跑！"原来，在他前方出现了几只白色的鸽子，这些鸽子胆子很大，是不怕人的，经常在这里休憩觅食。于是，我对儿子说："没关系的，你只管骑，鸽子会自己跑的。"儿子一听我这么说，把减下来的车速又提了上去。可令我没想到的是，正往前骑的时候，儿子突然来了个急刹车。由于刹得太猛，在惯性的作用下，儿子一个跟头从车上翻了下来，车子也砸在了花坛边沿上。刚才还悠闲地踱着步的鸽子也被惊得飞了起来。它们在空中盘旋了几圈后，又落在了不远处的一个花坛上，警惕地看着我们。

我忙走到儿子身边，把他搀扶起来，问他摔疼了没有。要是在以

167

往，他早就哭了，但奇怪的是，这次他竟然没有哭鼻子。可能是穿得厚的缘故吧，儿子并没有受多大的伤，除了小手被蹭掉了皮之外，完好无损。他站起来的第一句话就是迫不及待地问我："鸽子呢，我轧着它们了吗？""没有，"我用手一指，"你看，它们都飞到前面去了，你是轧不着它们的。""我可就是怕轧着它们才急刹车的。"儿子一脸天真地说，完全忘记了手上的伤口处正丝丝地往外渗着血水。

儿子的一句话，让我的心微微一震，放弃了责备他几句的念头。是的，在他看来，车前的鸽子已不仅仅是一只动物，而是一条弥足珍贵的生命。稚气的一声"鸽子，快跑"是儿子内心世界爱意融融的真实表达，更是对生命一律平等的善意诠释。也许，只有一个内心纯洁如水的孩子才肯宁可摔一跟头也不愿使鸽子受到伤害，也只有他们才能如此贴切地看待生命和尊重生命。

在这个寒冷的冬季，因为儿子的一句话，我不再感到寒冷。我发现，在花坛一角堆放的雪，也仿佛受了感染似的，一点一点儿地开始融化。

给小米讲个故事吧

小米从学校回到家的时候，看到两个陌生人正在自己家中进进出出。小米望了望站在旁边看着的爸爸，又看了看把家具一件件搬出去的陌生人，有些不知所措。

屋内的东西本来就不多，很快，便搬得只剩下几件大一点儿的电器了。小米咬着嘴唇，沉默了好久，才走到爸爸跟前，他问爸爸："这些东西是都要卖掉吗？"爸爸没说话，只是慈祥地看了小米一眼。爸爸的眼神似乎会说话，小米是个聪明的孩子，马上就心领神会，他不再说话了，只是抱着书包站在爸爸身边看着。

陌生人搬走了冰箱，然后，开始挪动客厅里的彩电。小米眼巴巴地看着，很不情愿的样子。爸爸安慰他说："等以后爸爸有钱了，再给你买一台高清的。"

小米沉重地点了点头，他突然想起了从前和妈妈一起看动画片的场景。那是一段多么开心的时光呀。小米现在还记着妈妈好看的笑容，妈妈笑的时候，嘴角总会轻轻地扬起，连眼睛也仿佛会笑似的，一笑一颦间散发着一种很甜蜜的味道。小米想着想着，眼角就有些湿了。陌生人费了半天劲，总算把彩电搬到了楼下。然后，他们气喘吁吁地走回来，准备把书

房里的电脑也一同搬走。

小米不干了，他扔下书包，冲到陌生人前面，死死地抱住显示器，他冲爸爸大声喊："爸爸，把电脑留下吧，妈妈还在里面呢！如果没了它，我们以后还怎么看妈妈呢？"

看到小米的情绪如此激动，陌生人都愣住了，他们没有上前移动电脑，只是不解地望着面前这个瘦弱的孩子。

爸爸走了过来，他的脸色有些凝重。爸爸把小米拉到一边，俯下身，拉着小米的手，语气温和地说："妈妈的照片我已经保存好了，以后我们可以随时看到的。"

"可是我答应过妈妈，一定要好好利用这台电脑，学到更多的本领，等爸爸老了的时候，挣钱养活爸爸的。"小米说完，有些难过地低下头，顿了顿，他声音颤抖地接着说："好多同学都用电脑打游戏，可我没有，因为我答应过妈妈，我一定要做到的，我一定不会让在天堂的妈妈失望的。"说到最后，小米的眼泪都快出来了。

爸爸的眼角有些闪烁，他拍了拍小米的肩膀，想说什么但终究没有说出来。他冲陌生人摆了摆手，示意他们继续搬东西。陌生人望了小米一眼，微微点了一下头，然后，开始挪动电脑显示器和主机。

等陌生人把所有值钱的东西搬走之后，房间内一下子显得特别空旷。爸爸让小米在椅子上坐好，然后，郑重地说："放心吧，小米，如果妈妈在天堂看到了我们这样做，她一定不会伤心的，她反而会为我们感到骄傲的。"

"真的吗？"小米疑惑地看着爸爸。

爸爸重重地点了点头。爸爸一向都是说话算数的，听到这里，心情沮丧的小米虽然还有些难受，但和刚才相比，还是好多了。

晚上，小米和爸爸仍住在这个曾经和妈妈一起居住的家中。爸爸说，这是最后一晚住这里了，以后咱们就再也不来了。因为这套房子已经不属于咱们了。

虽然很累，但一想到这是最后一晚睡在这里，小米怎么都睡不着。妈妈在的时候，爸爸每晚都给小米讲好听的故事，有小矮人的故事，也有东郭先生和狼的故事。但自从一年前，病重的妈妈去世之后，爸爸就再也没有给小米讲故事了。小米看到爸爸翻来覆去也没睡着，便说："爸爸，你好久都没给我讲故事听了，你给我讲个故事吧。"

爸爸沉吟了一下，侧过身，给他讲了一个故事。

爸爸说："从前，在一个遥远的山村里，有个男孩很调皮，学习成绩也不好。有一次考试，他又考了班级倒数第一。老校长就训斥他，还当着众人的面恨铁不成钢地说：'如果你小子啥时候能考到班级前十名，我就从学校门口爬到操场上的旗杆旁。'这个男孩觉得自己在同学们面前丢了面子，便顶嘴说：'我就考个班级前十名让你看看，看你以后爬不爬。'男孩真的就发奋学习起来，课堂上他再也不捣乱了，老师布置的作业也都及时地完成。男孩本来就是个聪明的孩子，只是以前不用功，现在认真了，学习成绩真的就赶上来了，在接下来的期末考试中，他真的考到了班级第十名。只是，这个时候，他已经忘记了校长讥讽他的那些话。他突然明白，学习是自己的事，好好念书才是他们这些山里孩子最好的出路。但满头白发的校长没有忘记自己的诺言，他在学校大会上专门表扬了这个孩子，然后，真的跪了下来，一步一步向操场爬去。周围的老师和学生都慌了，纷纷过来劝阻。他也慌了，跪在校长跟前，一个劲地认错，并恳求校长站起来。但校长不听任何人的劝告，最后真的就一点一点儿爬到了操场上。山里都是坎坷不平的石头小路，老校长站起来的时候，裤子都磨破了，膝盖还微微滴着血。他'扑通'一声跪在校长的身旁，'哇'的就哭了，发誓今后一定要好好学习。老校长的脸色有些苍白，他拉起这个男孩，高兴地说：'好孩子，有志气，如果其他的孩子都能像你一样，我宁肯再跪上一千次、一万次。'老校长还说，咱们山里人虽然穷，但不能说

话不算数，你答应我的事情你做到了，那么，我答应你的事我也一定会做到。从那以后，这个男孩的学习成绩一直都很好，他考上了大学，从大山里来到城市，慢慢地有了自己的事业和自己的家。"

小米听得入迷，好半天才回过神来。他好奇地问爸爸："爸爸，你和这个男孩是一个学校吗，你对他怎么这么了解？"爸爸沉默了好久，才缓缓地说："是的，他和爸爸一个学校。"

小米又问："给妈妈治病真的借了别人好多钱吗？"

爸爸长长叹了口气，才回答："现在已经还得差不多了。"

小米好像是在自言自语又好像是在问爸爸说："可是那些叔叔阿姨没有让咱们还钱呀。"

爸爸转头看了看小米，说："别人答应我们的事情他们做到了，那么，我们答应别人的事情也一定要做到。给妈妈治病借钱的时候，咱们说过要在三年之内还清的，现在时间已经到了，我们不能等到别人上门讨账，那样，妈妈在天堂看到了，也会伤心的。"

爸爸的话让小米想了很久。睡着的时候，小米做了一个奇怪的梦。梦里，他看到了那个故事中的小男孩，还有那个满头银发的老校长。不知怎么的，小米突然就变成了那个男孩，只是他没有哭，因为，他看到，妈妈正站在远处，微笑地看着他。那是一种多么熟悉的笑呀，那笑容里，有鼓励，有怜爱，还有数不尽的祝福。

第二天，小米醒来的时候，嘴角还挂着淡淡的笑。他清晰地记得，那个梦盛开在阳光明媚的春天，妈妈的身边有好多飘扬的木棉花，就像传说中的天堂一样，真的很美很美。

特别教育，特别的爱

早晨六点半，王老师准时醒来。他推了推熟睡中的儿子："起床了，起床了。"儿子在被窝里挣扎了好半天，抬头看了看闹钟，不情愿地应了一句："爸爸，时间还早呢。"

"爸爸这些天要忙着写本书，要晚睡晚起，从今天起，以后买早餐的任务就交给你了。"

"哦，"儿子今年虽然只有十一岁，但自从妈妈去世后，一下子懂事了许多。今天听爸爸这么说，他没敢耽搁，开始穿衣下床。

王老师躺在被窝里，嘱咐道："一块钱的豆浆，两块钱的油条就够了，如果你一个人吃，每样买一半就行了。"

"知道了。"儿子应道。

傍晚，王老师对在旁边帮着择菜的儿子说："你过来，我教你怎么用电磁炉做饭。"

"你以前不是不让我碰这些东西吗？"儿子不解地问。

"但现在你已经长大了，该学学了。爸爸近段时间要赶着写书，没时间做晚饭，就只能让你做了。"

"没问题，我很快就能学会的。你专心写你的书吧。"儿子很体贴地说。

第一次做饭，儿子的手被烫了一个大大的水泡。王老师一边给儿子的手涂药，一边责骂道："一顿饭做了将近一个小时，真是笨到了极点！还有，跟你说过多少次了，不要用手摸那个地方，你就是记不住！真是猪脑子！"

儿子委屈地看看爸爸，想争辩几句但是没说出来。

王老师为了专心写书，把买菜的任务也交给了儿子："你放学回来的时候，顺便在菜市场买些菜，胡萝卜是三毛钱一斤，土豆是五毛左右。买的时候，多问问，比一比。还有，胡萝卜不要个太大的，这样的不好吃，土豆不要买出芽的，有毒。"

"这么麻烦，还不如让邻居的阿姨帮咱们买呢。"儿子还没独立买过菜，有些发怵。

"亏你还是个男子汉，能说出这种不争气的话来。"

儿子红着脸出去了。傍晚回来的时候，果真拎回一袋菜来。王老师看了看，道："还行，一回生二回熟，多买几次就好了。"

一个月后，王老师去外面出差。回来的时候，发现壁橱里的方便面没了。他咬着嘴唇，把儿子叫到跟前："我临走时怎么跟你交代的，你当耳旁风了吗？"

儿子低着头，嘟囔着小声说："就我一个人，做饭太麻烦了，还不如泡包方便面省事。"

"什么省事，我看你分明是偷懒！这么小就开始学着偷懒了，真是不成器！"王老师的火气愈发大了起来。训斥了好半天，他才压住火道："只要时间允许，以后都不要吃方便面，方便面会吃坏人的，懂吗？"

今天的话说得有些难听，儿子已泪流满面的，但还是点了点头。看爸爸气消了，儿子小声说："爸爸，热水我已经帮你放好了，你快去洗澡吧。"

王老师虎着脸点了点头，道："知道了。"

三个月后，儿子的厨艺越来越好了，也基本能像模像样地操持家务了。王老师蜡黄的脸上多少有了一丝笑容。

这天，吃午饭的时候，王老师发现今天的菜比往常的丰盛了许多，竟然还有自己喜爱吃的大炸虾。儿子兴高采烈地说："爸爸，今天买菜的时候，那个小贩多找了我五块钱，我就多买了几个小菜。"

王老师"啪"的一声把筷子摔在了桌子上："这样的事情亏你做得出来，我平常是怎么教育你的？农民种菜多不容易，一天卖下来还不一定能赚五块钱呢！你不当场把钱还给人家，竟然还高兴成这样？你不觉得可耻吗？"王老师越说越气，抬手给了儿子一个大嘴巴："走，去把钱还给人家！"

儿子使劲咬着嘴唇，一动不动。

王老师火了，又掴了儿子一个耳光："你去不去？"

儿子毕竟还小，终于忍不住，"哇"的一声哭了："我没错，我又没抢没偷，是他自己找给我的，怨谁啦？爸爸，你忘了，上次买菜的时候，一个小贩故意找了张假钱给我，后来找她理论，她死活不承认，今天，凭啥咱就不能要别人多找的钱？"

王老师愣住了，怔了半天，长长地舒了一口气，然后，搂着儿子道："是的，儿子，别人曾经欺骗过你，但这只能说明对方不诚实，人品有问题。如果你也学着这样做，跟他们又有什么区别呢？"

儿子小声啜泣着，听着。

王老师继续道："不讲诚信的人也许会得到一些好处，但这都是暂时的，他们迟早会吃大亏的。走，爸爸和你一起去把钱还给人家。"

儿子犹豫了一下，但还是跟在了爸爸的身后。

那个卖菜的小贩早就走了，王老师父子俩在菜市场寻觅了好几天才找

到他。当说明来意把钱还给小贩后，小贩激动地握着儿子的手，久久没有说出话来。尽管这样，儿子还是从对方的眼神中，感受到了一种很美好的东西。他突然有些明白了爸爸说的话。

儿子快速地成长起来，和同龄人相比，成熟了一大截。

半年后，王老师在给学生们讲课的时候，身子突然一晃，倒在了讲台上。在医院里醒来，他看到了许多人，但没有看到儿子。当周围人告诉他儿子已经做好午饭正在家里等着他时，他欣慰地笑了一下，便把眼睛永远地闭上了。

六个月前，医生说，最多他只有三个月的寿命。为了儿子，他奇迹般地多活了三个月。

魔法宝石

上帝在人间视察民生疾苦时，不小心把随身携带的一块宝玉弄丢了。宝玉具有非凡的魔力，万一落入歹人之手，后果必将不堪设想。上帝不敢耽搁，忙化身成一位老者再次降临人间，寻找宝贝的下落。

上帝有一双明察秋毫的眼睛，很快，他便查找到了宝贝的下落。原来，它是被一个老实巴交的男子捡到了。男子在知道这个宝贝属于老者之后，同意物归原主。不过，当他意外得知老者便是上帝的化身，并且自己捡到的这块看似普通的石头具有超凡的法力之后，他伸出去的手又缩了回来。他恋恋不舍地摩挲着手中的石头，恳求上帝道："仁慈的上帝啊，我还从未见过具有魔力的石头，您让我好好欣赏一下，明天再交还给您，好吗？"

上帝看他说得恳切，便点头同意了。

第二天，上帝如约见到了男子。男子仍同意归还石头给上帝，不过，却提出了一个条件，他希望上帝能送给他一套房子。上帝看了看男子所住的破草房，觉得这个要求并不过分，于是，大手一挥，一套宽敞明亮的房子便取代了男子原来的那座破房子。男子起初还有点怀疑老者的真实身份，但现在他已经完全相信了。望着梦寐以求的房子，男子竟然激动地大

哭起来。

等情绪稳定下来之后，男子很热情地请上帝到自己的新房里做客，并且还倾其所有做了一桌子丰盛的酒菜招待上帝。上帝被男子感动了，主动送给男子一大堆财宝，这正中男子的心意，男子自然高兴不已。

饭后，男子又直接或者间接提出了一些自己的要求，比如他想要一整套上好的家具、一辆豪华的马车等等，上帝想尽快拿回那块宝玉，于是，一一满足了他的要求。

最后，男子又向上帝提出了一个小小的要求，他说他已经老大不小了，他应该有一个漂亮温柔的妻子。对这个要求上帝着实有些为难，但望着男子可怜巴巴的眼神，上帝实在不愿让他的希望落空，就满足了他的要求。

于是，转眼间，男子的面前就出现了一位漂亮美丽的女子。

这下，男子什么都有了，他住在大房子里，望着箱子里用之不竭的财宝，搂着漂亮的妻子，他高兴得几乎要跳起来了。

这个时候，时间已经不早，上帝告诉男子，他想尽快取回自己的宝贝，因为还有很多事情等着他处理。

男子点了点头，从口袋里掏出那块石头准备物归原主，但就在即将递到上帝手中之时，男子又把手缩了回去。

上帝有些不耐烦了，他不解地望着男子问："你的要求我都已经满足了，你还想怎样？"

男子语气真诚地回答说："仁慈的上帝呀，谢谢你满足我这么多要求，但是，我的妻子还没有见过这个宝贝，我希望您让她也开开眼界，我明天再还给您吧？"

"这个——"上帝有些不情愿，但他实在不愿施展法力，强行夺走宝贝，那样实在太有损上帝仁慈的名声，于是，他强忍着心头的不快，点头同意了，"好吧，我希望你能说话算数，明天把宝贝还给我。"

　　男子大喜，热情地挽留上帝在自家过夜，但上帝婉转地拒绝了。

　　第二天一大早，没等上帝催促，男子真的就把那个宝贝还给了上帝。不过，上帝接过宝贝却大吃一惊，原本完好无损的宝玉只剩下了一半，另一半竟然被无端切掉了！

　　男子解释说："仁慈的上帝啊，请原谅我不经过您的允许，便把宝玉切成了两半，不过，我也是迫不得已，我这么做，只是为了防止您拿到宝贝后突然反悔，收回您送我的这些东西。我向您保证，等我死了之后，剩下的那半块宝玉我一定不加任何条件还给您。"

　　上帝攥着那半块宝玉，气得胡子直发抖，他几乎要气昏过去了："你，你——你是答应过要今天还宝玉给我的，你怎么能不遵守诺言？"

　　男子面不改色抵赖道："仁慈的上帝啊，当初您也没说不可以只还半块宝玉呀？"

　　遇到如此无赖的子民，上帝实在无语了。男子并不知道，当那块石头被切成两半之后，便失去了魔力，与普通的石头并无二致。

　　上帝无奈地摇了摇头，仰天长叹道："贪婪而又愚蠢的人啊，你最终将一无所有！"说话之间，上帝连同男子所拥有的一切都消失得无影无踪，男子又成了穷光蛋！

　　爷爷在给我讲这个故事的时候，我一直在把玩那留下来的半块石头。这可是我们家的祖传之宝，是我爷爷的爷爷的爷爷的爷爷留下来的。可惜的是，不论怎么摆弄，它连半点儿法力也没有。爷爷经常语重心长地给我讲这个故事，每一次讲过之后，他总是唉声叹气地说："咱们的老祖宗真是太愚蠢了，这样贪得无厌地想得到更多的利益，到头来只会一无所有！"

循　环

　　一个富翁早上醒来，突然发现自己崭新的檀香木书柜被老鼠咬了，书柜里面的那些价值连城的名人字画也被糟蹋得不成样子。富翁自然是气不打一处来，挥舞着鸡毛掸子四下找寻可恨的老鼠报仇。

　　正在气头上，管家进来向他汇报事情。富翁看着被咬得稀巴烂的柜角和字画的碎片，心疼得直搓手，哪里有心思听管家在面前啰唆，没听管家说上几句，就劈头盖脸地训斥道："好了，一点儿事你唠叨个没完了，真是烦人，给我滚出去！"管家不知道自己到底做错了什么，有些纳闷但还是低头哈腰地施了个礼，然后带上门出去了。

　　一到外面，无缘无故地挨了顿骂的管家越想越憋气，本来挺好的心情也变得烦闷起来。

　　刚走到门口，一个讨饭的叫花子可怜兮兮地把破碗伸到了他的面前，"先生，行行好，可怜可怜我吧，我已经三天没吃东西了。"

　　"你没吃东西关我什么事！有胳膊有腿的，不自力更生养活自己，你活该，饿死也不亏！狗都比你强！"管家把刚才受的气全撒在了叫花子的身上。冲着叫花子一顿恶骂之后，他把昨天的一些剩菜倒进了叫花子的碗里。

　　叫花子端着要来的饭菜，找了一个暖和的地方，开吃起来。刚开始吃的时候，还没什么感觉，但吃得差不多的时候，他突然就想起刚才管家骂他的话来，越想越难受，越想越不是滋味，心里别提多沮丧了。已经不饿了，他索性把碗放在了一边，心中暗骂起那个管家来。正在这时，一条狗摇着尾巴溜到了叫花子的身边，流着口水看着叫花子碗中的剩菜，搁在平常，一向大方的叫花子说不定就直接把吃剩下的饭菜给狗吃了，但今天由于心情不好，他不仅没有让狗吃自己要来的食物，还大骂了狗一通。最后，还不解气，当着狗的面，把剩饭倒进了下水道里。狗眼睁睁地看着那些被水冲走的食物，心情简直沮丧到了极点。但对于叫花子的所作所为，它敢怒不敢言，谁让它是一条狗呢？

　　没有吃到食物，这条狗饿得头昏眼花，无奈之下，它只好找了个僻静的角落，病恹恹地趴下晒起太阳来。正眯缝着眼打盹，它忽然发现对面一只老鼠正优哉游哉地抱着一张花里胡哨的硬纸磨牙，顿时，它的火气上来了，连个招呼都没打，它便"汪"的一声扑了过去："我叫你美！"

特殊的敲门礼节

在云南的西双版纳地区，许多地方都生长着茂密的森林。由于人多地少，当地的村民经常到远离村寨的地方开垦耕种。为了省去来回往返的麻烦，村民们想出了一个很好的办法：就地取材，砍一些随处可见的竹子在森林里搭建起简易的小竹楼，以供短期居住。这样的房子在西双版纳地区并不少见，当地人都称其为"田房"。第一次到西双版纳旅游的时候，对于这样方便快捷的住宿方式，我感到十分好奇和新鲜。受好奇心的驱动，我非要让老乡领我进去看看，参观一番，也好开开眼界。老乡是个朴实的老好人，经不住我的软磨硬泡，最终答应了我的请求。

在出发之前，老乡向我要求不要乱跑，紧紧跟在他的身后，不然，遇到野兽或者毒蛇的袭击，那可就惨了。我点头应允。

在密林里穿梭了将近一个小时后，终于，远远地我看到了一座若隐若现的田房。房舍完全是用竹子做的，和周围的环境融为一体，不仔细看很难发现。

当走到离田房有10多米远的地方时，老乡突然把我拉住了。"怎么了？"我不解地问。"先别进去，敲敲门，等里面没有动静了再进去。"说着，老乡便伸出粗实的胳膊开始摇身旁的修竹，顿时，周围"哗哗"响成了一团。摇了几下后，老乡住了手，然后，和我一起看那间田房。这一看不打紧，我顿时惊呆了：从田房里竟然走出来一只黄灰相间的庞然大物，我仔细一看，原来是只老虎！老虎朝我们这边望了望，并没有袭击我们的意思，而是十分优雅地从田房里跳出来，向和我们相反的方向走去。不一会儿，就消失在了密林中。老乡看那只老虎走了之后，又按着我在旁边等了几分钟，直到再也没有一丝动静发出的时候，他才招呼我说："田房长时间不住人，就给野兽们做了个好事，它们经常把这里当作了家，如果咱们贸然进去，万一里面有个老虎、豹子之类的猛兽，一下子被咱们吓惊了，那咱们就完了。""没想到这么危险！"这时，我才明白老乡为何不答应我独自来看房子的缘由。"其实，也没什么，这些猛兽一般情况下都是和善的，只要人类不去惹它，它是不会轻易伤人的。我刚才摇树就是和它们事先打个招呼，告诉它们房子的主人来了，让它避避嫌给咱们腾个位子。这些畜生很通人性，它们明白人的意思。"

话语虽然平实却充满了对大自然、对生命真谛的参透，我不由得对这位充满人生智慧的中年人产生了一种钦佩之情。这时，我才明白，和动物打交道，其实和我们人类进行社会交际的过程一样，也是需要讲礼貌，需要用文明的方式去解决问题的。

一根火柴，也可以温暖整个冬天

　　我所住的小区门口是一条街道。在一个拐角处，有一老一少在此以乞讨为生。其中的老人60多岁，双目失明。跟着他的是一个小孩，大约6岁，听说是老人收养的城市弃婴。老人会拉二胡，声调婉转悠扬。因此，从此经过的许多行人都会放一些钱在二人前面铺的破布上。更有一些附近小区的好心人，会把家里的一些旧衣服拿给他们穿。

　　我也经常从这个拐角处经过。不过，近段时间，由于全市都在搞路政建设，小区前面的道路也要大修，在没建好之前，道路变得坑洼不平。特别是在晚上，黑灯瞎火的，一不小心就会摔得鼻青脸肿。许多和我一样需要晚上加班的人对此都怨声载道，但却无可奈何，毕竟不能让施工人员违背常规先安放路灯后修路吧。好在这条道路并不长，忍忍就挺过去了。

　　这天，我加班到凌晨1点才回来。出租车司机嫌路差，在很远的地方就停下了。我只好下车步行。路两旁的店铺都打了烊，没有一丝灯光，天上也没有月亮，四周一片漆黑。我只好耐着性子深一脚浅一脚往前摸。但没走多远，我突然发觉前面似乎有亮光。尽管十分微弱，但我的眼前还是一亮，脚下的路似乎也变得清晰起来。等我走近才发现，原来从那对乞讨的爷孙那里往前，每隔一段距离就有一点儿微黄的亮光。我揉了揉困得发酸的眼睛，仔细一看，原来，亮光是从一个个纸糊的灯笼里发出来的。多么好的创意，多么有心的人！我的心里忽然有些温暖的感觉，不由喜欢起这些专门为在夜里行走的路人设计的灯笼。这简直就是上帝的礼物和恩赐！

第二天，空闲的时候，我四下打听灯笼的来历。但邻居们和我一样，虽然心存感激却也对此一无所知。难道是路政部门做的？一打听，他们也是一头雾水。为了查清事实的真相，我和几个好奇的邻居都留起心来。很快，事情就弄明白了，制作这些灯笼的竟然就是那对乞讨的爷孙！这大大出乎我们的意料。一个什么都看不见的盲人，做这么多灯笼干什么？带着疑问，我们来到了老人住的那间简陋的窝棚。

等说明来意后，老人笑了："我听孙子说，晚上摸黑从这里走的时候，好多人都因为看不清路而摔了跟头。我刚好会糊灯笼的手艺，就和孙子一起糊了几个给大家照亮儿用。""看，爷爷让我买了好多蜡烛呢。"孙子指着墙角放着的一箱蜡烛说。原来是这样，这下大家都明白了。

"不过，您生活本来就够难的了，还要为我们这些路人操心，真是难为您了。"我说。

"不，这一点儿也不难。"老人面带微笑地说，"和你们这些好心人给我的帮助相比，这样的小事差远了。如果说你们对我的帮助是一个火把的话，那么我所做的连一根火柴的力道都没有。其实，我应该感谢你们才对。"

老人的话让在场的人无不为之感动。是的，一根火柴所发的光微不足道，但如果是在漆黑的夜里，寒冷的深秋，它照样可以温暖整个街道。望着阳光下的老人，我仿佛又看到了那一盏盏带给路人勇气和力量的灯笼。在这个世界上，路是陌生的，一张张擦肩而过的面孔也是陌生的，但洋溢着爱的心灵却是互通的。一颗懂得感恩的心灵就像一团燃烧在冬日里的火，可以让整个世界都充满幸福和诗情画意。没有无法穿越的黑暗，更没有永远等不到的春天。也许，当我们用心去爱这个世界，爱这个世界中的每一个人，去感恩，去点燃那一盏盏穿越黑暗的灯笼时，我们就向温暖的阳光靠近了一点点儿，向美好的幸福靠近了一点点儿。

我救了你，你也拯救了我

女孩出现时，他已经在街道的拐角处蹲了半晌了。四周的夜幕不知何时已经降临，他默默地对自己说，该下手了，再不行动就没有机会了。

自从被从嫂子家里赶出来后，他已经三天没吃东西了。他的身上没有一分钱，肚子因为过度饥饿已经有些痉挛。他无法再忍下去了，他也不想再忍下去了。反正都是一死，总比饿死好。他对自己说，豁出去了，大不了再进去一次。

女孩走得并不快，年轻的身影一直在他视线范围内晃荡，就像是潜伏在他内心深处的那个罪恶念头一样飘忽不定，忽明忽暗。他跟在女孩的身后，寻找着合适的地点、合适的时机。

就这么走着，就走进了一个僻静的小巷。他的肚子又狠狠地抽动了一下，饥饿像头恶狼一样撕扯着他的肠胃。他往四下看了看，附近一个人也没有。他的脚步分明快了许多，他已经在心里丈量好了距离，只要再近一点儿，再近一点儿，那个女孩肩头上挎的皮包就会随着他的猛然飞过而更换主人。

他听到单薄的衣服下面一颗怦怦乱跳的心脏。

近了近了，他就要腾身跃起了，突然，前面的一声大喝把他吓得魂飞魄散，他忙退了回去。

"站住！"

他还没弄明白是怎么一回事，走在他前面的那个女孩突然一转身，快步跑到了他的身后，抓住他的胳膊哀求他："大哥，救救我，前面有坏人。"

他一怔，半天才回过神来。原来是遇到歹人了，刚才的喊话是冲着女孩的，不是自己。

看着女孩可怜兮兮的样子，他不知从哪里来的勇气，饿弯了的腰杆子顿时绷直了，他对女孩说："有我在，别怕。你先找个地方躲起来。"

"臭小子，滚到一边去，别耽误老子做生意。"三人中的一个小个子色眯眯地望着远去的女孩恶狠狠地恐吓道。他的手里握着一把匕首，明晃晃的。

他没吭声，只是死死地盯着面前的三个歹徒。在小个子的匕首向自己刺过来的瞬间，他迅速出拳，三下五除二，没等三人弄明白是怎么回事，就已经把三人鼻青脸肿地摔在了地上。看遇上高手了，三人忙从地上爬起来，抱头鼠窜。

他没有去追，没有力气去追，也没有必要去追。

看坏人已经被打跑了，没跑出多远的那个女孩又转了回来："大哥，谢谢，谢谢你，要不是你，我就遭殃了。"

"没事了，现在你可以放心地回家了。"

"我……"女孩脸上显出一丝忧虑。

他看出来了，于是，自告奋勇地对女孩说："别怕，我送你回去。"

路上，他突然为刚才的那个念头吓出了一身冷汗。他想，幸亏发生了那样的事情，否则我就又误入歧途了。这时他已经忘记了饥饿。

"谢谢你，大哥，你真是个好人。"临离开时，那个女孩感激地站在门口对着他逐渐远去的背影说道。

幸福是
灵魂的香味

　　"谢谢"他没有听到，但"你真是个好人"他却听得一清二楚。他的心猛然一震，好人，好人，原来我也可以做好人。

　　五年后，经过艰苦拼搏，栉风沐雨，他终于成就了一番事业，他成了一家民营企业的老板，还娶了当初被他搭救的那个女孩为妻。

　　洞房花烛之夜，女孩问他："你身边那么多女人，为什么偏要娶我呢？"

　　"因为你救过我，我忘不了你。"

　　"我救了你？你记错了吧，那天是你救了我呀。"女孩一脸不解地问。

　　他淡淡地冲女孩笑笑，轻轻摇摇头，没有再说话。

　　五年前，男人是旁人眼中的坏人。发生那件事情的时候，刚好是他刑满释放后的第三天。

那不是恶作剧，是满满的爱

大学毕业后，张欣来到了西部山区。在一个叫瓦尔口的地方，她做了当地一所学校的教师。说实话，这个学校是配不上学校的称谓的。一间四壁透风的瓦房，一块斑驳的黑板，十几张乌黑破旧的课桌和小板凳，20多个可怜巴巴的山里孩子，怎么说都不像是一个学校。但在这穷乡僻壤的山沟里，有这么一所学校，已经是一个很了不起的成就了。当地人说："虽然破，但总比没有强，好坏能让下辈人识俩字不做睁眼瞎。"山里人有股子乐观的劲头，但张欣却没有如此豁达的胸怀。从内心来讲，让她到这里，她是一千个一万个不乐意的，她看重的是合同上约定的待遇：在西部工作三年回来后，由政府部门优先安排工作。这样的待遇让她心动不已。

学校总共就两个老师。一个是张欣，另外一个是当地的老教师，同时也是小学的校长。老校长今年60岁，已经在这里教了半辈子的书。张欣没来的时候老校长还教课，她一来老校长就主动让了贤，她笑呵呵地说："你是从大城市来的，见多识广，给娃们上课的任务今后就交给你了。"好在只有语文、数学两门课，上午两节下午两节，其余都是休息时间，张欣觉得工作并不重，就笑笑客气地应了下来。

山沟沟里交通闭塞，与外界几乎隔绝。生活在这样的环境里，张欣满

心的苦闷和悲凉。幸好合同的期限并不长，只有三年，她每天都在心中掰着指头计算着什么时候才能熬到头。

由于基础不好，孩子们学得都很吃力。特别是朗诵课文时，孩子们浓重的地方口音让张欣听得十分刺耳。她反复提醒他们要用普通话读书，但没读上几句，孩子们的地方口音就又不由自主地顺了出来。她气得在课堂上大叫："说多少遍了，要用普通话读课文，你们没听懂吗，重新来！"每当看到她发火，孩子们都吓得面面相觑，大气都不敢喘一声，只是当他们小心翼翼再次开始的时候，还是没有达到张欣理想的标准。张欣觉得这些孩子是因为不喜欢自己，所以故意为难自己，她的心中更加愤恨，仿佛面前坐着的都不是学生，而是一只只丑陋的癞蛤蟆，难听的叫声让她气不打一处来。

有一次，在课堂上默写生字，张欣点了一个叫郑小牛的孩子上来写。郑小牛一听老师叫自己，欢天喜地地跑上讲台，可写了半天，也没写出几个字来，写出来的那几个也是缺胳膊少腿的。接着，她又连着叫了几个学生到黑板上默写生字。但结果都一样，能把字全部写出来的几乎没有。张欣的脾气本来就不好，顿时，张欣的火气上来了，她把课本往讲台上一摔，什么也没说，气冲冲地走了。然后，她找到老校长一股脑儿把这些天受的委屈全部倒了出来："他们太不听话了，分明就是不喜欢我故意捣乱，这个地方我没法再待下去了。"她声泪俱下地哭诉道。

老校长一听她要走，忙好言相劝安慰她："张老师，你可千万不能走，你走了孩子们可怎么办呀？我替孩子们向你道歉，你一定要留下呀。""可他们也太气人了。"张欣抱怨道。"其实，张老师你不了解我们这里的情况。别看孩子们人不大，可要做的事情却多着呢！一到家就帮着家里放牛、割猪草，农忙时还要到田里收庄稼，根本就没有太多时间用来学习。就拿讲普通话这件事来说吧，为了说好普通话，孩子们一回到家就练习，和家长说话也不用我们当地的方言了，全是普通话，把大人也听得一愣一愣的。前天，一个家长还对我说，孩子现在说梦话也用的是普通话。""真的吗？"这一点倒是出乎张欣的意料，不过，她仔细想了想，确实，孩子们的口音比以前标准多了。

正在这时，她的学生们都自发地涌到了办公室的门口，不住地哀求她："张老师，你别走，好吗？我们一定好好复习，一定把您教的字都学会。不信，您明天还提问我们。"她看着眼前这群面色黝黑的孩子，叹口气道："好吧，明天重新默写。"

第二天的默写效果出奇的好，这一次，孩子们基本上都能把字写出来。下课时，她看到郑小牛的手上缠着一块纱布，心中就有些好奇。一个孩子告诉她："郑小牛昨天放学后，没回家，直接跑到教室后面的空地上练习写字去了。作业本写满了，他就找了一块石头在地上写，手都磨破了。张老师你看，那些字都还在呢。"她走出去一看，果然，在教室后面的空地上，发现了一大片用石头划出的字迹。那些字有大有小，延伸了10多米还没有停下。她握着郑小牛的手，半天没有说出话来。

转眼间，一年过去了。这天，正上课时，张欣突然觉得胸口闷得难受，接着呼吸也困难起来。一阵天旋地转之后，她晃晃悠悠地顺着墙坐了下去。她的脑子还清醒，知道哮喘发作了，忙从上衣口袋里掏出一瓶喷剂，对着鼻子喷了几下。孩子们都吓傻了，有几个女生竟然还哭了起来："张老师，你怎么了？你不要吓唬我们呀。"她缓了半天气才恢复过来，她摆摆手安慰孩子们说："不碍事，让我歇一会儿就没事了。"后来，孩子们才知道，张老师原来是得了一种叫作"哮喘"的病。于是，他们就在私下商量了起来。只是，张欣一点儿也不知道。

一个下雨天，张欣像往常一样早早地来到了教室。可等了大半天，教室里也没见到几个学生。她望了望阴沉的天空，然后问一个小女生："其他同学的家离学校远吗？""不远，都在学校附近住着。"小女生如实回答道。"下这么点儿雨就不来上课了，这样的态度能学好吗？"她气冲冲

地发牢骚道。小女生看着她满脸的怒色不敢吭声了。

终于，迟到了将近一个小时，她的学生总算陆陆续续地来齐了。张欣本想骂他们几句，但一看孩子们都浑身湿淋淋的，嘴角动了动，就没有爆发出来。她开始上课。

但上课没多久，教室里突然响起了一种奇怪的声音："呱！"张欣猛地抬头，声音马上就没有了。但她刚准备往黑板上写字，声音又传了出来："呱！"她扭过身，快速扫视了一遍教室。孩子们都正襟危坐地看着她。教室一片寂静。突然，从郑小牛的方向又传出来一声："呱！""是谁在捣乱？"她走下讲台，来到了郑小牛的身边。郑小牛低着头不敢看她的眼睛。

"没人承认是吧？好，那我走。"说着，张欣转身回到讲台，拿起书本就走。"张老师，您别走，是我。"郑小牛一看老师发脾气了，慌了，忙站起来，他的手中捧着一只蛤蟆。"知道课堂纪律吗？回家把你家长叫来，不然以后你就不要来了。"郑小牛嘴巴动了动想辩解，但一看张老师动怒了就没敢说出来。

这时，教室的另外一个角落也响起了蛤蟆"呱呱"的叫声。紧接着，教室的其他角落也陆续跟着响起了叫声。"还有谁，都给我站出来！"张欣声色俱厉地吼道。顿了一下，教室里又有7个学生陆续站了起来，他们的手中都握着一只蛤蟆。张欣仔细看了看，他们都是今天迟到的学生。"是不是都是去逮蛤蟆玩所以才迟到的？都回去把家长叫过来见我，否则以后就别来上课了。"

第二天，张欣没有去上课，她就在自己的办公室坐着，看老校长怎么处理这件事。但坐着坐着，长期营养不良的她突然眼前一黑栽倒在了地上。醒来时，她发现自己正躺在床上，周围站满了人，有大人还有小孩，老校长正蹲在她的床头。看她醒了，屋子里的人都长长舒了口气。孩子们更是高兴地叫了起来："张老师醒了，张老师醒了！"张欣还记挂着昨天的事情，脸上没有丝毫表情。

这时，郑小牛低着头走到她的床前，一边擦泪一边说："张老师，我们今后再也不带蛤蟆到教室去了。你不要生气了，好吗？"

张欣赌气不说话，但心已经慢慢软了下来。毕竟她在这里待了有一年多了，对这里也有了感情。

老校长在旁边恳求说："张老师，他们确实不是故意的，他们这样做就是怕你哪一天突然走了呀！"

"怕我走，还这样气我？"张欣不明白老校长的意思。

"你不晓得，自从孩子们知道你有哮喘后，他们都特别担心。郑小牛听他爷爷说，用蛤蟆皮包鸡蛋煎药可以治疗你这个病，就四处捉蛤蟆。可我们这里太干旱了，只有下雨天蛤蟆才出来活动，因此，昨天他们一大早就起床去捉了。你看，鸡蛋都煎好了，你赶快趁热吃一个吧，确实很有效的。"说着，老校长从旁边的一个村民手中接过一个装满鸡蛋的粗瓷大碗，递到了张欣面前。

张欣的心头猛地一震，她冲着孩子们大声咆哮道："谁让你们去抓蛤蟆了！山路那么滑，万一摔伤了怎么办！你们为什么这么不听话呢？"嚷着嚷着，张欣的眼泪突然流了出来，她搂着身边的一个小女孩，呜咽着说："大家都放心吧，张老师不走了，永远都不走了。"

盛满爱的青花瓷

　　木措的奶奶生病了，看起来很严重的样子。看着奶奶咳得满脸通红的样子，尽管木措才8岁，但他心中还是感到了一丝丝悲伤。

　　邻居告诉木措，奶奶的病其实不重，如果送她去医院，很快就会好起来的。可是家里哪里有钱呀？木措的妈妈在他不到1岁时就去世了，半年前，爸爸在大青山修铁路时发生了意外，就再也没有回来，于是，原本幸福温暖的家庭转瞬间变得破败不堪。

　　下了许久的大雪终于停了，天气却愈发寒冷。木措趴在奶奶的床边，有一句没一句地和奶奶说着话。火盆里的木炭越来越旺，房间里逐渐暖和起来。木措站起身，他的目光定在了墙角桌面下的青花瓷瓶上。木措走过去，揭开瓶子上面遮盖着的绸布，把青花瓷瓶移了出来。

　　清冷的阳光照进来，打在青花瓷瓶上的图案上，顿时，原本暗淡无奇的瓶子便闪耀出夺目的光彩。瓶身上雕刻着一些俊秀的花纹和精美的人物图案，木措不懂瓶身上的图案代表什么，但他知道这是奶奶的宝贝。有好几次，收这种东西的小贩上门买这个瓶子，都被奶奶拒绝了。奶奶告诉木措："这是奶奶的命根子，给多少钱都不卖的。"

　　木措对着瓶子看了半天，又回身看了看睡着了的奶奶，然后，把瓶子重新放回原处，并用绸布盖好。

山路上的积雪开始融化。阳光暖和的时候，木措遇到了那个收瓷器的小贩。和小贩擦身而过后，木措站住了，他突然扭过身，大声问："你还想要那个瓶子吗？"

小贩止住步子，回头仔细打量面前的木措："当然要啦，你想要多少钱？"木措想了想说："奶奶经常咳嗽，你说多少钱才能治好她的病？"小贩眼睛眨了眨说："这样吧，我给你十块钱，十块钱就足够了。我以前也是咳嗽，但吃了十块钱的药就不咳嗽了。"木措半信半疑地看着小贩，说："真的吗？你敢不敢和我拉钩？"小贩和善地说："当然敢啦，我从来不骗人的。"

和小贩拉完勾后，木措跑回家，趁奶奶还没醒，他蹑手蹑脚地把那个青花瓷瓶抱了出来。小贩用放大镜看了看瓶底的印记和瓶身的花纹，笑着点点头，然后，掏出一张十块的钞票和一张一块的钞票，递给木措："这十块钱是给奶奶治病的，这一块钱是奖励给你的，你真是个懂事的孩子。"木措高兴地接过来，像模像样地把那张十块的钞票对着太阳照了照，然后，同那张一元的票子一起卷起来，牢牢地装进口袋里。

小贩从此也再没有出现过。奶奶知道木措卖了那个青花瓶子，并没有责备木措。她拿着那块绸布端详了半天，叹了口气，然后，给木措讲了一个很久远的故事。奶奶告诉木措，他还有个爷爷。50年前，爷爷被带到了一个叫台湾的地方，临走前，爷爷把这个青花瓷瓶留给了奶奶。还对奶奶说，他虽然人走了，心却装在这个瓶子里，一辈子都会留在奶奶的身边。奶奶说着说着，眼角竟然闪出了泪花。木措虽然不懂奶奶的意思，但他心里很难受，特别特别难受。他后悔不该把这个装着爷爷的心的瓶子卖给那个小贩，他恨透了那个该死的骗子。

奶奶没有被送进医院，因为十块钱根本就不够。在那个寒冷的冬天，她永远离开了这个世界和她的木措。善良的邻居帮木措料理奶奶的后事，

还好心收留了他，并让木措和自己同龄的女儿一起上学念书。偶尔，一些村子里的老人还会给木措一些零花钱。木措舍不得花掉，把它们都攒起来，藏在书包里。

木措满12岁生日那天，突然不声不响地走了。他给邻居留了一张字条，字条上歪歪扭扭地写着：我一定要把奶奶的那件宝贝找回来，那里面装着一件十分十分重要的东西。

五年后的一个上午，村里来了一群陌生人，走在最前面的是一个头发花白的老爷爷。他来到木措奶奶的坟前，颤巍巍地摆出一个光彩夺目的青花瓷瓶，哽咽着说："老婆子，我来看你了。"

那一天，老爷爷在奶奶的坟前说了很多话之后才离开。走的时候，老爷爷恋恋不舍地说："老婆子，放心吧，我一定会把咱们的孙子找回来的。我还要告诉他，在这个世界上，他并不是一个无家可归的孩子，他还有亲人——他的爷爷。"

岳飞和窗外的小女孩

在语文阅读课上，班主任王老师给学生们讲岳飞小时候的故事："在宋朝的时候呀，有一个叫岳飞的孩子，他的家境很贫寒，念不起书。每当周围的小朋友背着书包去学堂上学时，小岳飞就跟在后面，等学生们都进了教室之后，他就一个人站在教室窗户的外面听老师讲课。有一次，他在外面听课的时候不小心被老师发现了。老师问明情况后，被他这股爱学习的劲头打动了，便破格免了他的学费，允许他进教室里面听课……"

孩子们都津津有味地听着，仿佛入迷了一般，故事讲完后好半天，教室内仍静悄悄的，鸦雀无声。

看学生们都被故事打动了，王老师顿了顿，微笑着问："同学们，听了这个故事，你们都有什么感想，请举手发言。"

学生甲说："条件那么艰苦，岳飞还坚持不懈地学习，他是我们学习的好榜样。"

学生乙说："岳飞交不起学费，本可以整天玩的，但他没有，反而努力学习，他确实是个爱学习的好孩子。"

学生丙说："岳飞后来当上了大元帅，这和他小时候的努力是分不开的。我们也要像他那样刻苦学习，长大后报效祖国。"

其他的孩子也都争先恐后地举起小手踊跃发言，教室内的气氛十分活跃。王老师不住地点头微笑："嗯，不错。"

这时，教室后排靠窗的地方出现了一阵小小的骚动，一个学生向老师报告："老师，你看，窗外。"

王老师循着声音望去，发现在教室后门靠窗的外面，露着一个扎着羊角辫子的小脑袋。王老师抿了一下嘴唇，似乎有些不悦，他用手示意大家安静，然后走了出去。

小女孩面色黝黑，年龄和教室内的孩子们都差不多，七八岁的样子，她穿着一件洗得发白的牛仔外套，但整体看上去还是比较干净的。小女孩看到王老师出来了，有些害怕，水汪汪的大眼睛稍微和王老师的眼神对了一下，便移开了，她低下头，手足无措地摆弄着衣角。

王老师声音略带严厉地说："你怎么又来了？你这样老是站在教室外面，影响很不好的，别人还以为我是在体罚学生呢。"

小女孩低着头，单薄的身子随着王老师音调的高低不住地哆嗦着，她一句话也不说，仍是来回搓着衣角。

王老师看孩子可怜兮兮的样子，有些不忍，便尽量使声调和缓下来，"你们这些农民工子女的处境我是很同情的，但我不是领导，我也无能为力呀！我上次不是跟你说了，你回去让你的父母去找找关系，会有学校接收你的。"

小女孩仍是低着头，半天才小声喃喃道："校长对俺爹说，俺应该归那个学校，那个学校说俺应该来这里……"

"哦，是这样呀。"王老师若有所悟地点了点头。他抬腕看了看表，离下课还有十分钟，便有些着急，课还没上完呢。于是，他对小女孩说，"你还是先回去吧，看，他们还都等着上课呢，你站在这里会影响我们上课的。我知道，你是个懂事的孩子。"

小女孩的身子动了动，终于抬起了头，她眨着乌黑的大眼睛不舍地朝教室望了一眼，然后，拉了拉肩头上破旧的书包，漫无目的地走开了。

王老师稳了稳情绪，面容平静地走进教室，请学生们沿着刚才的话题继续发言。

一个男孩子站起来说："老师，刚才我突然想到了一个问题，有点儿想不通。"

"什么问题，讲出来，大家一起探讨。"王老师鼓励道。

男孩子看了看刚才小女孩站的地方，说："为什么岳飞就可以被破格允许进教室学习，而刚才那个女生就不行呢？岳飞如果生活在现在，他是不是就没有机会上学了？"说着，他再次看了看窗外。

王老师听了，面色凝重，嘴角动了动，"这个……"

看老师没表态，学生乙说道："这有什么想不通的，因为岳飞是个男的呗，而她却是个女的。"

学生甲反驳道："不对，不对，是因为她没有岳飞穷，老师不是说，岳飞连个书包都没有嘛，她起码就有一个。"

另一个学生站起来，模棱两可地说："是不是因为时代不一样了，毕竟那是在宋朝。"

"胡扯！"王老师发怒了。他似乎想说些什么，但这时，下课铃声响了，"丁零零……"

王老师环视了一下教室，把已到嘴边的话咽了回去，他只说了两个字："下课。"然后，突然想到了些什么似的，便大步朝校长办公室走去。